SYLT

Geologie einer Nordseeinsel

mit den schönsten geologischen Wanderungen

von Ekkehard Klatt

1.	Vorwort	4
1.1	Vorwort zur zweiten Auflage	5
2.	Geologie – oder: Eine Reise durch die Erdgeschichte	8
2.1	Überregionale Geologie	9
2.2	Die Geologie auf Sylt	13
2.2.1	Jung-Tertiäre Schichten am Morsum Kliff und am Roten Kliff	14
2.2.2	Das Quartär: die Eiszeiten bedecken Sylt	20
2.2.3	Holozän: Die Nacheiszeit : Eine Insel entsteht	23
2.2.4	Insel im Wandel. Veränderungen der vergangenen 900 Jahre	30
2.2.5	Sylt: eine Insel mit Zukunft: Ausblicke auf die nächsten Jahrhunderte Sylt: quo vadis ?	46
3.	Bodenschätze auf und unter Sylt: Findlinge, Steine, Sand, Schwermineralseifen, Salz, Eisen, Wasser, Erdöl und Erdgas	51
4.	Energie für die Zukunft: Erdwärme	64
4.1	Die Sylt-Quelle: eine warme Sole	66
5.	Die schönsten geologischen Wanderungen auf Sylt	67
5.1	Das Morsum Kliff: Juwel im Osten Sylts	69
5.2	Kampen: ein Dorf mit Geest, Nehrungshaken und Watt	74
5.2.1	Der Hinkelstein von Kampen, mikroskopische Beschreibung eines Findlings	83
5.3	Das Rote Kliff : nicht nur zum Sonnenuntergang	91
5.4	Das Naturschutzgebiet Hörnum Odde: Sylts sonniger Süden	98
5.5	Auf den Spuren des Ortes Eidum	107
6.	Fragen an den Geologen	112
7.	Geologisches Lexikon	121
8.	Literaturverzeichnis	138
9.	Danksagung	143

1. Vorwort

Die Idee, die Entwicklungsgeschichte von Sylt, also den bisherigen Werdegang der gerne als „Königin der Nordsee" bezeichneten Urlaubsinsel in Buchform zu präsentieren, kam mir durch die Fragen der vielen Teilnehmer auf meinen Wanderungen. Sie wollten das, was ich ihnen als Geologe zeigte und erklärte, zum weiteren Vertiefen des Gehörten nachlesen können. Deshalb habe ich mich entschlossen, ein gut lesbares Buch über Geologie, Inselentstehung und Küstenschutz für alle Freunde der Insel zu schreiben.

Die Geologie, also die Lehre vom Aufbau der festen Erde, findet bei den meisten Menschen normalerweise selten größere Beachtung. Zwischen Sand und Fels weiß man schon zu unterscheiden, ansonsten ist der tiefere Untergrund eigentlich nur dann von Interesse, wenn man durch besondere Umstände darauf aufmerksam gemacht wird.

Jeder Mensch wird aber blitzschnell zum angewandten Geologen, wenn ein Schrei ertönt: Gold! oder: Diamanten! oder auch nur: Bergkristall! Dabei weckt entweder die Schönheit oder aber der Wert des Steins oder Kristalls die Aufmerksamkeit und lässt jedermann zum unermüdlichen Sammler werden.

Wenn man über die Schätze unserer Erde, die auf Sylt zu finden sind, nachdenkt und die Auslagen der Juweliere einmal außer Acht lässt, so fällt einem fast nur noch der Bernstein ein, den der eifrige Strandwanderer besonders nach heftigen Sturmfluten im Spülsaum finden kann.

Was ist es also, das die Insel Sylt geologisch betrachtet so interessant macht? Es ist ihre stetige Veränderung, ihr Küstenbild, das von Tag zu Tag, ja manchmal sogar von Tide zu Tide anders aussieht. Der Motor dafür ist das anbrandende Meer, das die vielen Kliffe, die wie jeder Steinbruch auf dem Festland einen Blick ins Erdinnere gewähren, entstehen ließ und das die Mengen an Sand an einer Stelle abträgt und weitertransportiert, um an anderer Stelle die Sandhaken, die Sandbänke und den Untergrund des Wattenmeeres aufzubauen. Und auch die herrlichen Dünenformationen, angefangen bei kleinen, unbewachsenen, maximal 1,5 Meter hohen Vordünen bis hin zu den über 35 Meter hohen Wanderdünen, ziehen einfach jeden in ihren Bann, ganz gleich, ob man schon andere Dünengebiete der Erde kennt oder am Beispiel dieser höchsten Wanderdünen der gesamten deutschen Bucht das erste Mal vor Augen geführt bekommt, wie der häufig kräftig wehende Wind Millionen von Kubikmetern Sand zu bizarren Sandbergen auftürmen kann (Abb. 1).

Die Insel Sylt stellt etwas ganz Einmaliges in der mittleren Nordsee dar: Sie hat eine Millionen Jahre alte Vergangenheit. Sie wird seit fast 150 Jahren in ihrem Erscheinungsbild von Menschen mitgestaltet und damit auch verändert und hat mit großer Wahrscheinlichkeit eine Jahrhunderte währende Zukunft vor sich. Ihre Einmaligkeit ist für jeden Sylt-Begeisterten Grund genug, mehr über die geologische Entstehungsgeschichte der Insel erfahren zu wollen.

1.1 Vorwort zur zweiten Auflage

Sechs Jahre sind seit dem Erscheinen der ersten Auflage des geologischen Führers über die Insel Sylt vergangen. Was die Erkenntnisse über den geologischen Aufbau angeht, so hat sich das Wissen gefestigt, dass der eiszeitliche und vor allem der voreiszeitliche Untergrund in dieser Lage einzigartig ist und dass Sylt auch

Abb. 1: Kleine Wanderdüne auf dem Roten Kliff.

weiterhin als riesiger Wellenbrecher, aber auch als facettenreiche Urlaubsinsel vor den Deichen der dänischen und der deutschen Festlandsküste Bestand haben wird.

Neu in das Repertoire meiner Wanderungen aufgenommen habe ich einen geologisch-archäologischen Spaziergang auf den Spuren des sagenumwobenen Ortes Eidum. Dabei stehen alte Kulturspuren wie Deichreste, aufgegebene Warften und die Anlage der Tinnum-Burg in unmittelbarer Nachbarschaft zum Tinnumer Kliff im Fokus der historischen Betrachtung.

Während die beeindruckende Erscheinung des Roten Kliffs vor Wenningstedt in den letzten Jahren mehr und mehr von Flugsand und Vegetation bedeckt wird, hat das Kliff vor Kampen nach Sturmfluten und zum Teil sintflutartigen Regenfällen immer noch sein raues und urwüchsiges Aussehen behalten. Als Schutz gegen den Wellenangriff auf den Klifffuß ist Sand zu einem fast drei Meter mächtigen Polster aufgespült worden. Diese Pufferzone zwischen Nordsee und Kliff muss regelmäßig erneuert werden.

Im letzten Jahr (2012) musste sich die südlichste Dünenkette der Insel eine grundlegende Neuausrichtung der mächtigen vierfüßigen Küstenschutzbauwerke gefallen lassen. Die sechs Tonnen schweren Tetrapoden, die bereits 2006 im Norden von Hörnum wegen erwiesener Unwirksamkeit entfernt wurden, sind 2012 bis auf einen 80 Meter langen Rest aufgenommen worden und kommen als etwa 400 Meter langes südliches Längswerk, das von der zuständigen Behörde, dem Landesbetrieb für Küstenschutz, Nationalpark und Meeresschutz (LKN) als „Wellenbrecher" bezeichnet wird, zum Einsatz. Da davon auszugehen ist, dass für das Zusammentreffen der Wellen mit Sand und Tetrapoden unverändert die gleichen physikalischen Gesetzmäßigkeiten gelten, werden auch in den nächsten Jahren zusätzliche, dabei eigentlich vermeidbare Sand- und Landverluste bei den verbliebenen 60 Hektar des Naturschutzgebietes Hörnum Odde zu beklagen sein.

Ich wünsche auch weiterhin allen Naturfreunden viel Freude und Spaß beim Entdecken und Erkunden der Sylter Erdgeschichte, sei es am Kliff, bei den Dünen oder in der Marsch.

Sonnenuntergang

2. Geologie – oder: Eine Reise durch die Erdgeschichte

Die Geologie beschäftigt sich hauptsächlich mit dem Aufbau, der Struktur und der Zusammensetzung der Erde. Unser Globus besteht aus einer äußeren Kruste, die einen in zig Kilometern Tiefe beginnenden Erdmantel und dieser wiederum den Erdkern umschließt, der sich von der unvorstellbaren Tiefe von 2.900 Kilometern bis zum Erdmittelpunkt erstreckt. Im Gegensatz zur Geologie beschreibt die Geografie die Formen und Strukturen der Landschaft auf der Erdoberfläche und erklärt deren Entstehung.

Die Geschichte der erklärenden und beschreibenden Geologie ist vergleichsweise kurz. Sie entstand mit den neuzeitlichen Naturwissenschaften im 16. und 17. Jahrhundert. Im 18. Jahrhundert wurde die noch stark spekulative Geologie beherrscht vom Streit zwischen den sogenannten Plutonisten und den Neptunisten. Die einen erklärten die Entstehung der Erdkruste aus vulkanischen (magmatischen) Prozessen, die anderen aus Ablagerungen oder Ausfällungen im Meer. Johann Wolfgang von Goethe, der sich sehr für Geologie interessierte und eine große Sammlung von Fossilien und Mineralien anlegte, vertrat eher die Seite der Neptunisten. Als er einen heute noch berühmten Steinbruch, die Fuchshalle im Harz besuchte, tat er bereits Ende des 18. Jahrhunderts genau das, was auch heute im 21. Jahrhundert ein guter Feldgeologe tun sollte: Er beschrieb das Gestein und seine Minerale genau wie er sie vorfand und versuchte seine „Genese", also die schon lange Zeit zurückliegende Entstehung, zu ergründen.

Der Streit zwischen den beiden geologischen Richtungen konnte schließlich beigelegt werden. Nach jahrelanger gemeinsamer Begehung von unzähligen Gesteinsformationen im schottischen Hochland reichte der deutsche Geologe und Neptunist Abraham Gottlob Werner seinem schottischen Kollegen und Plutonisten James Hutton die Hand und sagte: „Du hast recht!" Daran erkennt man sehr gut, dass die Geologie zu einem großen Teil eine empirische Wissenschaft ist. So konnte auch die Frage, woher eigentlich die vielen Findlinge im norddeutschen Raum stammen, erst vor 150 Jahren abschließend beantwortet werden: Sie sind nicht – wie lange Zeit angenommen – mit den Fluten eines Urflusses oder per Eisberg über eine Ur-Ostsee, sondern mit den Gletscherströmen aus Skandinavien hierher transportiert worden.

2.1 Überregionale Geologie

Die Frühzeit der Erde liegt weitgehend im Dunkeln.

Etwa eine Milliarde Jahre trennen die anfängliche Erdentstehung vom Alter der ältesten bis heute gefundenen Gesteine. Vermutlich ist unsere Erde durch eine Zusammenballung von intergalaktischer Materie, also Atomen und energetisch geladenen Teilchen entstanden. Zum damaligen Zeitpunkt, vor etwa 4,6 Milliarden Jahren, war der sich formende Erdball auch außen glutflüssig, ohne Leben, hatte weder eine Atmosphäre noch fließendes Wasser. Auch heute noch sind 99 Prozent unseres Planeten heißer als 1.000 °C; vom verbliebenen Rest sind 99 Prozent immer noch heißer als 100 °C. Verantwortlich für diese hohen Temperaturen sind natürliche, langlebige radioaktive Isotope. Sie befinden sich vermutlich vor allem in den Tiefen der Erde. Die beim Zerfall freigesetzte Energie wird bis heute kontinuierlich nach außen abgegeben (siehe Kap. 4).

Nach langsamer Abkühlung der äußeren Schichten der Erde bildete sich in einem langen Prozess vor ca. 3,6 Milliarden Jahren eine feste, nicht einmal 100 Kilometer mächtige, Gesteinskruste. Die unterschiedliche Dichte der Gesteine führte zu einer geschichteten Ablagerung. Die obere Kruste wird aufgrund von Stärke und Gesteinsart eingeteilt in eine nur fünf bis sieben Kilometer mächtige basaltische ozeanische Kruste und eine 30 bis 50 Kilometer dicke, aus granitischem Material aufgebaute, kontinentale Kruste. Diese dünne Hülle erwies sich später als der einzige Ort der Erde, auf dem irdisches Leben entstehen konnte. Die gesamte Zeitspanne, die sich der ursprünglichen Gesteinsbildung anschließt, heißt Erdaltertum (Archaikum). Sie endete vor etwa 600 Millionen Jahren (Tab. 1). Unsere Erkenntnisse beschränken sich vor allem auf Altersdatierungen einzelner Gesteinstypen und wenige Anhaltspunkte über ein beginnendes Leben auf der Erde.

Das Erdmittelalter, das vor 600 Millionen Jahren begann und sich bis zum Ende der Kreidezeit vor 65 Millionen Jahren erstreckte, war ein aus heutiger Sicht viel ereignisreicherer Zeitraum: Leben entstand, Gebirge wurden gebildet und Kontinente brachen auseinander und verdrifteten. Mittlerweile gibt es Wasser auf der Erde. Ein zusammenhängender Urkontinent mit Namen Pangaea fing an, in Teilstücke zu zerbrechen. Bekannt gemacht wurde dieser Prozess durch den Geophysiker und Meteorologen Alfred Wegener, der den Begriff „Plattentektonik"

Erdgeschichtliche Tabelle für Norddeutschland und Sylt

Erdzeitalter	Formation	Alter ab... (Millionen Jahre)	Vorkommen in Norddeutschland	Bohrungen unter Sylt SAMOA Tiefe ab	WESTERLAND 1 Tiefe ab	Temperatur (°C)
	Quartär	2,5	überall, als Pleistozän und Holozän			
Erdneuzeit	Jung-Tertiär	25	Sylt, Fehmarn	10 m	118 m	22,5
	Tertiär	65				
	Kreide	140	Lägerdorf, Düne vor Helgoland, Rügen	650 m	525 m	29,0
	Jura	190				
	Trias	230	Helgoland: Buntsandstein und Muschelkalk		1138 m	40,0
	Perm	280	Kalkberg Bad Segeberg, Kalkgrube Lieth, Salzstock Lüneburg		2444 m	63,0
Erdmittelalter	Karbon	350	Harz		3840 m	87,5
	Devon	400				
	Silur	430				
	Ordovizium	500				
	Kambrium	600				
Erdaltertum	Präkambrium	ca. 3.600			3945 m	89,5

SAMOA: Thermalsole Bohrung südlich Rantum
WESTERLAND 1: Explorationsbohrung in List, westlich Ellenbogen

Tab. 1: Erdgeschichte: vom Erdaltertum zur Erdneuzeit
   Samoa: Bohrung am Parkplatz Samoa, südlich von Rantum
   Westerland 1: Bohrung in List, westlich vom Ellenbogen.

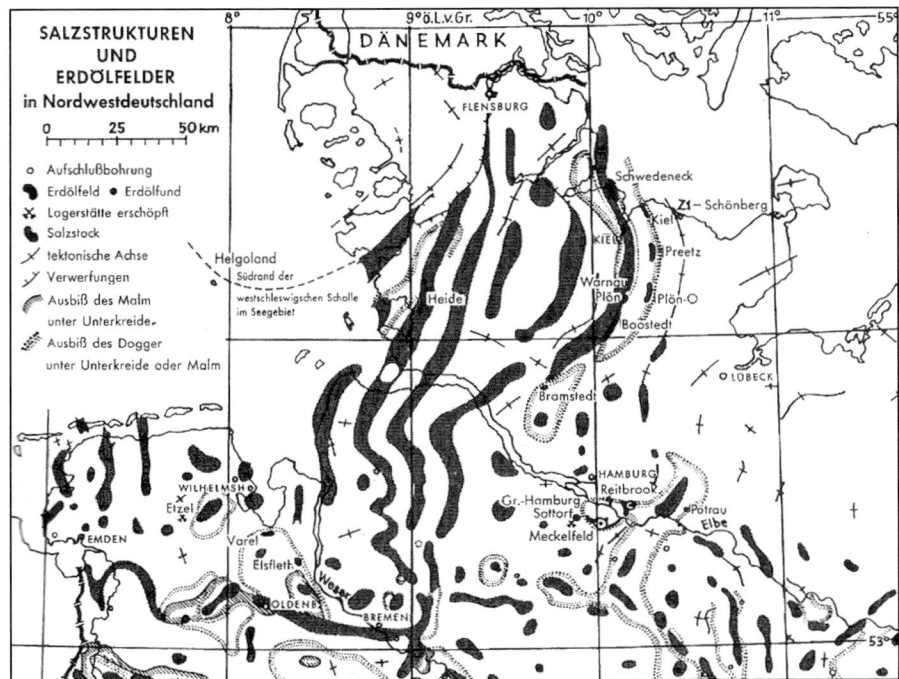

Westschleswigsche Scholle von Helgoland bis Flensburg. Ostholsteinische Scholle im Bereich der Kreise Eutin, Oldenburg und Stormarn. Dazwischen der mittelholsteinische Rotliegend-Trog mit den Salzstukturen.
nach E. Malzahn

Karte 1: Salzstöcke und -diapire unter Norddeutschland (aus: Gripp, 1964).

schuf. Damit wird die Bewegung der nach seinen Überlegungen neu definierten Kontinentalplatten bezeichnet, die auf dem heißen oberen Erdmantel in alle Richtungen auseinanderdriften. Der Motor für diese Bewegung ist das an den Spalten aufsteigende glutflüssige Magma, das selbst Raum beansprucht, zu neuem Ozeanboden erstarrt und somit die Kontinente auseinanderdrückt. An allen Schwachstellen der Erdkruste entstanden ganze Reihen von Vulkanen, einige entstehen noch heute. Meeresbecken wurden abgetrennt. Einige liegen aufgrund ihrer damaligen geografischen Lage dicht am Äquator. Das Wasser verdunstet und periodisch trocknen ganze Ozeane aus. So entstehen über 1.000 Meter mächtige Salzlagen, die ursprünglich in großer Tiefe lagen, nach ihrem Aufstieg aber in vielen Teilen Norddeutschlands als Salzstöcke häufig dicht unter der Landoberfläche zu finden sind, jedoch nicht nördlich einer Linie von Helgoland bis nach Flensburg (Karte 1). Gleichzeitig sammelten sich große Massen an Schutt, Sand, Geröll und abgestorbenen Pflanzen und Tieren in riesigen untermeerischen Becken. Ab einer entsprechenden Stärke der Sedimentschichten begann der imposante Prozess der Auffaltung, der hohe Gebirgsmassive entstehen ließ. Die meisten älteren Faltengebirge wurden auf diese Art und Weise gebildet. Zur Zeit der kaledonischen Faltungsära (vor 500 bis 400 Millionen Jahren) waren es unter anderem das skandinavische Hochgebirge und das schottische Hochland; zur Zeit der variszischen oder auch herzynischen Faltung (vor 350 bis 250 Millionen Jahren) der Harz, das rheinische Schiefergebirge sowie der Schwarzwald, das Erzgebirge und die Sudeten.

Leben begann sich im Meer zu entwickeln, bevor es die Kontinente eroberte. Es gab zunächst Einzeller, später Echsen (Saurier, Krokodile), Vögel und auch schon Säugetiere. Das aus heutiger Sicht Faszinierende an dieser Epoche ist ihre ungeheure geologische wie auch biologische Dynamik. Es herrschte ein dauerndes Kommen und Gehen, wobei es als sicher gilt, dass von der damaligen Gesteinswelt sowie der Tier- und Pflanzenwelt heutzutage nur noch wenige Prozent in ihrer ursprünglichen Form anzutreffen sind.

Die Erdneuzeit, das Tertiär, begann vor etwa 65 Millionen Jahren (Tab. 1). Damals bescherte uns die Plattentektonik die Geburt eines gewaltigen Ozeans, der heute von vielen verniedlichend „der große Teich" genannt wird: der Nord-Atlantik. Amerika und Europa brachen auseinander. Riesige Massen an Basalt stiegen am Mittelatlantischen Rücken auf, der Nordatlantik öffnete sich. Bis heute driften Nordamerika und die Eurasische Platte immer weiter auseinander. Vor etwa 65 Millionen Jahren führten starke Bewegungen in der Erdkruste dazu, dass große

Salzmassen aus der Permzeit (250 Millionen Jahre) aufgrund ihres niedrigen spezifischen Gewichtes in Bewegung gerieten und aus großer Erdtiefe nach oben stiegen. Ein kleiner Teil von überlagernden Gesteinspaketen wurde dabei mitgerissen. Daraus bildete sich der bis heute existierende Buntsandsteinfelsen Helgoland. Durch ein epochales Ereignis, dessen Auslöser immer noch umstritten ist, starben damals die Dinosaurier auf der ganzen Welt aus. Noch etwas ist sehr wichtig für diese Zeit: Die beiden höchsten Faltengebirge der Erde entstanden. Zu Beginn der Erdneuzeit wurden die Alpen aufgefaltet und seit zehn Millionen Jahren wächst das Himalajagebirge unaufhaltsam in den Himmel.

Und was passierte auf Sylt?

2.2 Die Geologie auf Sylt

Die Ausgangssituation des Raumes Sylt lässt sich vereinfacht so darstellen: Sylt liegt geografisch betrachtet südlich des skandinavischen Grundgebirges, östlich des schottischen Hochlands und nördlich des Höhenzuges von Harz und Solling. Dieser Raum wird geografisch als Norddeutsche Tiefebene bezeichnet, und wenn man den nur flach überfluteten Kontinentalschelf zwischen Dänemark und Großbritannien – die heutige südliche Nordsee – mit einbezieht, nennt man ihn das Norddeutsche Becken. Über einen Zeitraum von mehr als 100 Millionen Jahren hinweg (!) war dieser Raum – mal mehr, mal weniger – von Wasser bedeckt. Die Paläontologen, also diejenigen, die sich mit versteinerten Tieren und Pflanzen beschäftigen, können anhand der Fossilien den marinen Charakter dieser großen Senke nachweisen. Eingehende Untersuchungen von kalkigen und kieseligen Fossilien wurden auch in Bezug auf das Verhältnis der beiden häufigsten Sauerstoff-Isotope ^{16}O und ^{18}O durchgeführt, deren Anteile sich gut als Thermometer für vergangene Epochen eignen (Tab. 4). Das Ergebnis ist sehr interessant, denn es führte zu der Erkenntnis, dass das frühere Klima als „mediterran" zu bezeichnen ist, also ähnlich warm wie heute rund um das Mittelmeer gewesen sein muss.

Mit der Erdneuzeit beginnt auch die aktuelle Sylter Geologie. Die wichtigsten Erkenntnisse über die letzten 65 Millionen Jahre wurden durch eine tiefere Bohrung südlich von Rantum gewonnen. Zur Förderung von Heilwasser ist 1993 eine Kernbohrung für die Sylt-Quelle auf der Höhe des Strandes Samoa abgeteuft worden (siehe Kap. 4.1). Im Quellenhaus in Rantum können Sie sich ein verkleinertes Profil dieser 657 Meter tiefen Bohrung anschauen. Zu sehen sind von unten nach oben Kalke der Oberkreide, tertiäre Sande und Tone sowie nacheiszeitlicher Wattboden und Dünensande (Tab. 3).

Am Ende dieses jüngsten Erdzeitalters, des Tertiärs, passierte etwas wirklich Weltveränderndes, dessen Auswirkungen uns bis zum heutigen Tage beschäftigen: Seit acht Millionen Jahren wird es allmählich kälter. Hätten damals schon an das wärmere Klima angepasste Menschen gelebt, wären sie vor die Wahl gestellt worden, entweder abzuwandern oder neue Überlebenstechniken zu entwickeln. Stellen Sie sich bitte den Sylter Raum zur damaligen Zeit vor: Sie sehen einen sich immer weiter öffnenden Nordatlantik, eine höchstens halb so große Insel Island und genau dort, wo Sie Sylt suchen würden, finden Sie eine Ur-Nordsee mit einer Wassertiefe zwischen 100 und 120 Metern! Für einen Besuch „Sylts" wären Sie auf ein hochseetüchtiges Schiff angewiesen, also eher auf die „MS Europa" als auf ein kleines Ausflugsschiff.

2.2.1 Jung-Tertiäre Schichten am Morsum Kliff und am Roten Kliff

Die Situation, die wir vor zehn Millionen Jahren im Meer des Nordseeraumes vorgefunden hätten, kann man wie folgt zusammenfassen: Das Wasser ist mit über 100 Metern ziemlich tief. Bis in diesen tiefen Stillwasserbereich (engl. stillwater) dringen Strömung und Wellenbewegung nicht vor und so lagert sich über einen Zeitraum von zwei bis drei Millionen Jahren feines, mit sehr vielen Glimmerschüppchen angereichertes Sediment ab. Genau solche blauschwarzen Glimmer führenden Tone finden wir heute am Morsum Kliff. Diese marinen Sedimente sind die ältesten Ablagerungen, die wir auf Sylt an der Oberfläche antreffen. Sie sind durch großen Eisdruck (Eistektonik) schräggestellt und hochgeschuppt worden und führen wegen ihres einzigartigen Fossiliengehaltes den wissenschaftlichen Namen Sylt-Stufe oder „Syltium" (Tab. 2).

Im oberen Tertiär sind wir jetzt bei etwa sechs Millionen Jahren angekommen. Die klimatischen Veränderungen schreiten weiter voran. Bedingt durch das einsetzende Absinken der Temperaturen fallen Niederschläge immer häufiger als Schnee. Dieser entwickelt sich über Firn zu Eis, das jetzt auch im Sommer liegen bleibt, ohne vollständig wegzuschmelzen. Somit bilden sich über längere Zeiträume hinweg große Inlandsgletscher. Durch diesen Prozess wird den

Erdgeschichtliche Tabelle für die Insel Sylt

Erdzeitalter			Alter (Jahre)	NW-Europa	Formationen auf Sylt	Aufschlüsse auf Sylt
ERDNEUZEIT	Quartär	Holozän	5.000		Dünensande	Dünen
			7.000		Wattsedimente	Wattenmeer
		Pleistozän	20.000	Weichsel-Kaltzeit	-	-
				Eem-Warmzeit		
			200.000	Saale-Eiszeit	Geschiebelehm der Hohen Geest	
				Holstein-Warmzeit	Schmelzwassersande	Geestkerne (W-K; A; M)
			400.000	Elster-Kaltzeit	Geschiebelehm der Hohen Geest	
	Tertiär	Jungtertiär	$1{,}5\text{-}2\times10^6$			
				Ober-Pliozän	Oldesloer Schichten	Kaolinsand (MK; WK; RK; NH)
				Unter-Pliozän	Morsum Stufe	Limonitsand; Limonitsandstein; (MK)
			7×10^6			
				Ober-Miozän	Sylt-Stufe	Glimmerton (MK)

Abkürzungen

A	Archsum
M	Morsum
MK	Morsum Kliff
NH	Nehrungshaken
RK	Rotes Kliff
WK	Weißes Kliff
W-K	Wenningstedt-Kampen-Keitum

Tabelle 2: Erdgeschichte: Sylter Aufschlüsse vom Jungtertiär bis heute.

Geologisches Profil der Sylt-Quelle in Rantum

Tiefe	Schichten		Erdzeit	Erdalter
7 m	Dünensande	Q U A R T Ä R	Holozän	1.000 Jahre
11 m	Wattboden			7.000 Jahre
				2 Mill. Jahre
89 m	Kaolinsand	T E R T I Ä R	Pliozän	3 Mill. Jahre
110 m	Limonitsand			7 Mill. Jahre
187 m	Glimmerton			10 Mill. Jahre
260 m	Tone		Miozän	
	verschiedene Glimmertone			
433 m			Oligozän	30 Mill. Jahre
484 m	Ton-Mergel			40 Mill. Jahre
	Tone		Eozän	50 Mill. Jahre
644 m			Paläozän	
648 m	Dan-Kalke			60 Mill. Jahre
657 m	Schreibkreide mit Flint	K R E I D E		65 Mill. Jahre
657 m: Endteufe der Bohrung				

Tabelle 3: Bohrprofil Sylt-Quelle, Strandübergang Samoa, südlich von Rantum.

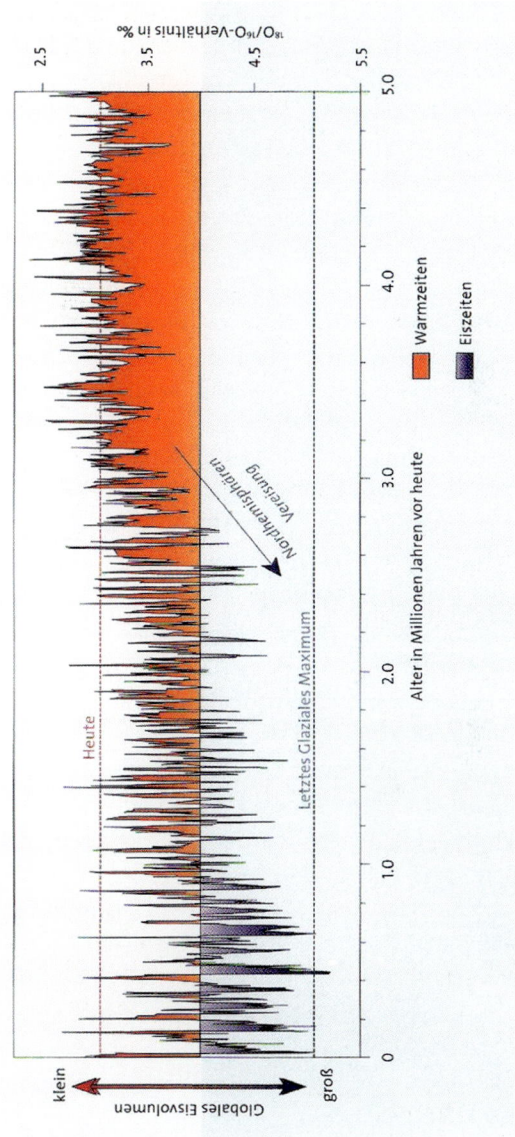

Tab. 4: Klimaentwicklung der letzten fünf Millionen Jahre, entschlüsselt mit Hilfe des Sauerstoff-Isotopen-Verhältnisses $^{16}O / {}^{18}O$ an fossilen kalkschaligen Foraminiferen; aus: Die polare Perspektive, 2010.

Weltmeeren Wasser entzogen und auch im Raum Sylt sinkt der Meeresspiegel. Nachdem die Ur-Nordsee (das Schelfmeer) vor sechs bis fünf Millionen Jahren nur noch eine Tiefe von 15 oder 10 Metern hat, herrschen küstennahe Bedingungen und aufgrund von Strömung und Wellengang sind es nun nicht mehr Tone, also feine Sedimente, sondern ein gröberes Sediment: Sand, das hier an Ort und Stelle – autochthon, wie der Fachmann sagt – als ockerfarbener, eisenhaltiger Limonitsand zur Ablagerung kommt. Auch diese teilweise rotbraunen Sande mit einem hohen Anteil an Eisenoxiden und Eisenhydroxiden können Sie heute am Morsum Kliff bewundern. Sie sind gleichfalls durch Eistektonik schräggestellt worden und tragen den Namen Morsum Stufe oder „Morsumium".

Da sich die Klimaveränderung von Warm nach Kalt weiter fortsetzte und gleichzeitig der Meeresspiegel weltweit sank, wurde vor etwa drei bis vier Millionen Jahren dieser Raum Sylts das erste Mal seit über 100 Millionen Jahren zum Festland. Die Ur-Nordsee hatte sich bereits weit nach Westen zurückgezogen. Eine zeitgleich einsetzende Entwässerung des neu gebildeten Landes führte dazu, dass sich ein über 350 Kilometer breites Flussdelta bildete. Riesige Mengen an Sand aus einem Liefergebiet im östlichen Ostseeraum strömten zwischen Esbjerg in Dänemark und Holland immer weiter in Richtung der heutigen mittleren Nordsee. Das Liefergebiet ist deshalb bekannt, weil im Sand Bruchstücke von nur im Baltikum vorkommenden ordovizischen, über 450 Millionen Jahre alten Fossilien gefunden wurden. Die Flusssande bestehen zu fast 99 Prozent aus gleichmäßig gekörntem elfenbeinfarbenem Quarzsand (SiO_2) und Sie finden sie fast überall auf Sylt, natürlich auch am Morsum Kliff, aber hauptsächlich am Fuße des Roten Kliffs und vermischt mit anderen Sanden an allen Sylter Stränden vom Lister Ellenbogen im Norden bis zur Hörnumer Odde im Süden der Insel. Dieser schöne helle Quarzsand, dem der Fachmann die Bezeichnung Oldesloer Formation (nach Bad Oldesloe in Schleswig-Holstein) gegeben hat und den viele unter dem Namen Kaolinsand kennen, erstreckte sich weit in die heutige Nordsee hinein. Seine Mächtigkeit beträgt oft 60 bis 80 Meter. Er gilt als guter Bausand und aufgrund der kantigen, oft ungerundeten Form der einzelnen Quarzkörnchen bildet der Kaolinsand einen soliden, gut tragfähigen Untergrund für einen Großteil der Bauprojekte auf Sylt.

Lackabzug, Erdwissenschaftliche Fakultät der Christian-Albrechts-Universität in Kiel.

2.2.2 Das Quartär: die Eiszeiten bedecken Sylt

In diesem Kapitel soll die Frage beantwortet werden, welches die wichtigsten Faktoren sind, die immer wieder zu starken Klimaveränderungen beitrugen und Eiszeiten auslösten bzw. die Warmzeiten einleiteten. Wie bereits erwähnt, kündigte sich der Klimawandel vor einer Eiszeit durch das Sinken der Wassertemperatur an (Änderung des Sauerstoff-Isotopen-Verhältnisses in Sylter Versteinerungen aus dieser Epoche). Aus heutiger wissenschaftlicher Sicht würde bereits ein Absinken der globalen Jahresdurchschnittstemperatur (derzeit $\pm 11°C$) von 7 bis 9 °C genügen, um eine neue Eiszeit einzuleiten.

Ähnlich niedrige Temperaturen müssen vor etwa 2,5 Millionen Jahren geherrscht haben, als die Gletscher in Skandinavien auf 3.000 bis 4.000 Meter Mächtigkeit angewachsen und dann aufgrund ihres Eigengewichtes und ihrer Viskosität vom Gebirge aus in die Niederungen heruntergerutscht waren und wiederholt (vermutlich 10 bis 15 Mal) flächendeckend große Teile Norddeutschlands mit einer mehrere hundert Meter mächtigen Eisschicht bedeckt haben (Tab. 4). Am Höhepunkt der Eiszeiten, die allerdings immer wieder aufgrund starken Temperaturanstiegs von Warmzeiten unterbrochen wurden, reichten die weitesten Gletschervorstöße etwa bis zur Mitte der heutigen Nordsee und im Süden bis an den Nordrand des Harzes heran bzw. an das heutige Düsseldorf und Köln am Niederrhein. Die Namensgebung der Eiszeiten erfolgt in Norddeutschland nach Flüssen in den östlichen Bundesländern und in Polen, an denen die eiszeitlichen Sande das erste Mal genauer untersucht worden sind. Die älteste bis heute im Norden bekannte Vereisungsphase, die auch auf Sylt ihre Spuren hinterließ, hatte ihren Höhepunkt vor etwa 400.000 Jahren und wird Elster-Eiszeit oder Elster-Glazial genannt. Zu dieser Zeit waren die Fließgewässer vom Baltikum her längst zum Stillstand gekommen, die Quarzsande wurden bedeckt von mehreren 100 Metern Gletschereis. Als schließlich zum Ende der Elster-Eiszeit die Eismassen langsam abtauten, ließen sie eine mehrere Meter mächtige Grundmoräne, den sogenannten Geschiebemergel, zurück. Dieser besteht aus Fragmenten all der Gesteine des skandinavischen Grundgebirges (und Finnlands), welche die enormen Gletschermassen auf ihrem Vorstoß losbrechen konnten: Riesige, über 100 Tonnen schwere Findlinge, große Steine, Kies, Sand, Feinsand und Ton kamen darin in zufälliger Verteilung vor. Die Palette der Gesteinsarten reichte von wenigen noch vorhandenen Kalk- und Sandsteinen über weit härtere Gesteinstypen wie Granit, Gneis und vulkanische Gesteine bis hin zu den härtesten, überall in Norddeutschland zu findenden Geschieben: den großen Quarziten, Feuersteinen und Quarzsand.

Auf die Elster-Kaltzeit folgten, nach einer wärmeren Phase, in Nordeuropa die Saale-Kaltzeit (von ca. 300.000 bis 130.000 Jahren vor unserer Zeit) und dann nach einer kürzeren Warmzeit die Weichsel-Kaltzeit (ca. 117.000 bis 11.700 Jahre vor unserer Zeit). Während der Weichsel-Eiszeit reichten die Gletscher noch bis in die Mitte des schleswig-holsteinischen Landrückens und bis fast an den heutigen Verlauf der Elbe und in das mittlere Polen. In den Bereichen, wo sich die großen Wälle der Seiten- und Endmoränen ablagerten, liegen heute die Städte Apenrade, Flensburg, Eckernförde, Kiel, Lübeck, Rostock …

Auch in den Kaltzeiten schwankten die Temperaturen, sodass die Gletscher phasenweise zurückgingen. Man kann davon ausgehen, dass es insgesamt etwa zehn einzelne Vereisungsperioden gab, in denen Norddeutschland jeweils für mehr als 10.000 Jahre unter dicken Eispanzern lag.

Nachdem sich die Gletscher der drei Kaltzeiten jeweils zurückgezogen hatten, blieben die eiszeitlichen Schuttmassen liegen und bildeten eine Jungmoränenlandschaft, wie wir sie in Schleswig-Holstein zum Beispiel aus Ost-Holstein und der Holsteinischen Schweiz kennen. Langsam verfestigten sich diese Massen. Die vielen wassergefüllten Senken, die eine weit gestreute Seenlandschaft hatten entstehen lassen, verlandeten, und aufgrund des hindurchsickernden Schmelz- und Regenwassers wurden nach und nach fast alle leichtlöslichen Komponenten, bevorzugt die Kalke der Schreibkreide, aus dem Gletscherschutt herausgewaschen. Dieser Prozess wiederholte sich seit Beginn der Eiszeiten viele Male und so wurde diese Landschaft durch mehrfache Überflutungen während der Warmzeiten immer mehr verfestigt und eingeebnet. Auf diese Weise entstand die typische flache Altmoränenlandschaft, wie wir sie auch auf Sylt finden: die Hohe Geest.

Das letzte Mal, dass auch Sylt von Eismassen bedeckt wurde, war während der Saale-Eiszeit vor etwa 200.000 Jahren (Karte 2). Nachdem das Eis zurückgetaut war, begann vor ca. 130.000 Jahren eine Warmzeit, während der ein großer Teil der norddeutschen Moränenlandschaft von Wasser überflutet wurde und die Temperaturen so stark stiegen, dass selbst Steppentiere wie „Löwen bis hinauf nach Dänemark" vorkamen (Reader´s Digest Weltatlas). Zu dieser Zeit war Sylt vermutlich das erste Mal eine Insel (Wolff, 1938). Diese Warmzeit, das Eem-Interglazial, ging vor etwa 110.000 Jahren zu Ende.

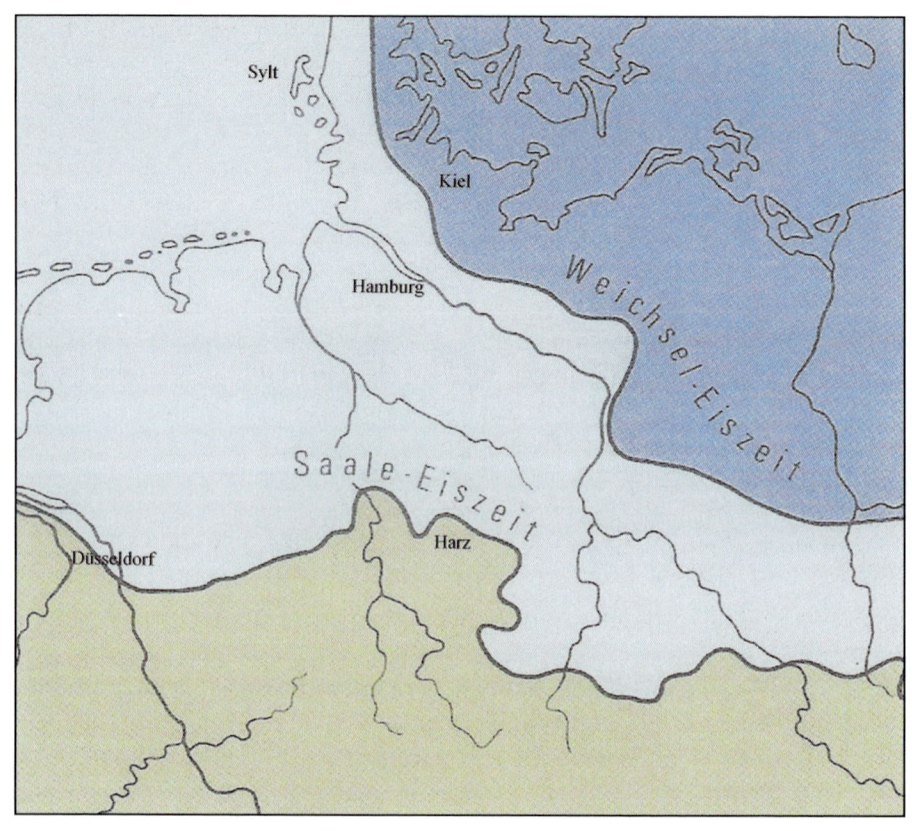

Maximaler Eisvorstoß von Saale- und Weichsel-Eiszeit

Karte 2: Eiszeiten in Norddeutschland (nach: Schmidtke, 1992).

Zum Ende der letzten Kaltzeit, also der Weichsel-Eiszeit vor etwa 10.000 Jahren, waren Mammut, Säbelzahntiger, Auerochse und Wisent nahrungssuchend im Gebiet zwischen England und Dänemark unterwegs. Von Steinzeitmenschen fehlen uns bis heute jegliche Spuren.

Mit diesem Kapitel über die Eiszeiten auf Sylt dürfen wir die rein spekulative Phase der Tertiär-Quartär-Geologie beenden.

Die nach dem Ende der letzten Eiszeit einsetzende Phase bezeichnet man als Holozän. Es ist die Zeit, in der auch wir leben. Ob es sich bei dieser Periode wiederum nur um eine Zwischeneiszeit handelt, also den wärmeren Zeitraum vor einer erneut einsetzenden Abkühlung und Vereisung, ist umstritten und bleibt weitgehend spekulativ.

2.2.3 Holozän, die Nacheiszeit: Eine Insel entsteht

Als vor 10.000 Jahren die letzte große nordeuropäische Vereisungsphase zu Ende ging:
- war Sylt Teil einer großen zusammenhängenden Landmasse, die von Dänemark über Helgoland bis England reichte.
- lagen die Gletscherzungen Skandinaviens weniger als 100 Kilometer östlich von Sylt entfernt.
- war Sylt eisfrei und seine Vegetation entsprach der arktischen Tundra.
- begann die Ur-Nordsee nördlich der Doggerbank, die über 300 Kilometer Luftlinie von Sylt entfernt ist.
- lag der Meeresspiegel etwa 140 Meter niedriger als heute.
- gab es keine Besiedlung durch Steinzeitmenschen bzw. nomadisierende Jäger, zumindest ist sie nicht nachgewiesen.

Es ist gerade heute von großer Wichtigkeit, die Ursachen zu ergründen, die innerhalb weniger Jahrzehnte dazu geführt haben, dass die letzte Eiszeit zu Ende ging.

Ein Wissenschaftler, der diese Fakten analysiert, hat die Möglichkeit, zwischen zwei grundlegend verschiedenen Ansätzen zu wählen: Entweder geht er von extraterrestrischen oder aber von terrestrischen Faktoren für extreme globale Klimaschwankungen aus.

Grundsätzlich spielt das Energieangebot, das uns die Sonne, also der extraterrestrische Faktor, zur Verfügung stellt, die Hauptrolle. Trotzdem ist es eine ungeklärte Frage, ob Periodizitäten, wie etwa Sonnenflecken-Aktivitäten, die wir von unserem Zentralgestirn her kennen, für ein Ende der Weichsel-Eiszeit verantwortlich gemacht werden können.

Kommen wir zu dem Versuch einer terrestrischen Erklärung für Klimaveränderungen, so zeigt uns einzig und allein die Pollenanalytik, dass sich die Temperatur in einem Zeitraum von 40 bis 60 Jahren um 2 bis 3 °C erhöht hat. Das ist extrem viel, wenn man sich vor Augen führt, dass der globale Temperaturanstieg von 1900 bis 2000 „nur" 0,6 bis 0,7 °C betrug.

Das abrupt einsetzende Abschmelzen der Polkappen sowie der Inlandsgletscher in Skandinavien, Schottland und den Alpen führte dazu, dass die Weltmeere anfangs mit zwei bis drei Metern pro Jahrhundert anstiegen (Tab. 5). Als Durchbruch durch die weichen Schichten der Kreideformation bildete sich zwischen Frankreich und England die Straße von Dover, der Ärmelkanal. Beim weiteren Einströmen des Meeres von Süden und Nordwest wurden die Flussläufe, die Niederungen und Seengebiete zuerst überflutet und seit etwa 8.000 Jahren näherte sich das Meer unaufhaltsam der Landschaft von Sylt.

Der Name Sylt: Womöglich ein Hinweis auf die Entstehung der Insel?

Womöglich leitet sich „Sylt" vom englischen Wort „sill" ab, das (Land)-Schwelle/Gang bedeutet. Genau solch eine Schwelle mit hoch herausragendem eiszeitlichen Schutt erstreckte sich bereits damals etwa 20 Kilometer lang von West nach Ost. Dieser Höhenrücken reichte vor 8.000 Jahren etwa acht Kilometer weiter in die jetzige Nordsee hinein. Dort draußen kam es vermutlich auch zum ersten Zusammenprall zwischen der ab jetzt immer höher auflaufenden Nordsee und dem eiszeitlichen Geschiebe. Diese Landschwelle wird seit alter Zeit Geest genannt, ein niederdeutsches (plattdeutsches) Wort, das hochgelegenes, trockenes und unfruchtbares Land bezeichnet. Unermüdlicher Wellenschlag der Nordsee ließ im Westen des Höhenzuges eine Brandungshohlkehle entstehen und schuf dadurch ein marines Kliff. Es war ein Vorläufer des heutigen Roten Kliffs. Die fortschreitende Klimaänderung ging einher mit immer höheren Durchschnittstemperaturen und somit stieg der Meeresspiegel weiter schnell an. Die neuen Abbrüche führten dazu, dass sich das Kliff weiter und weiter nach Osten verlagerte. Die beim Kliffabbruch freigespülten Sand- und Kiesmassen begannen,

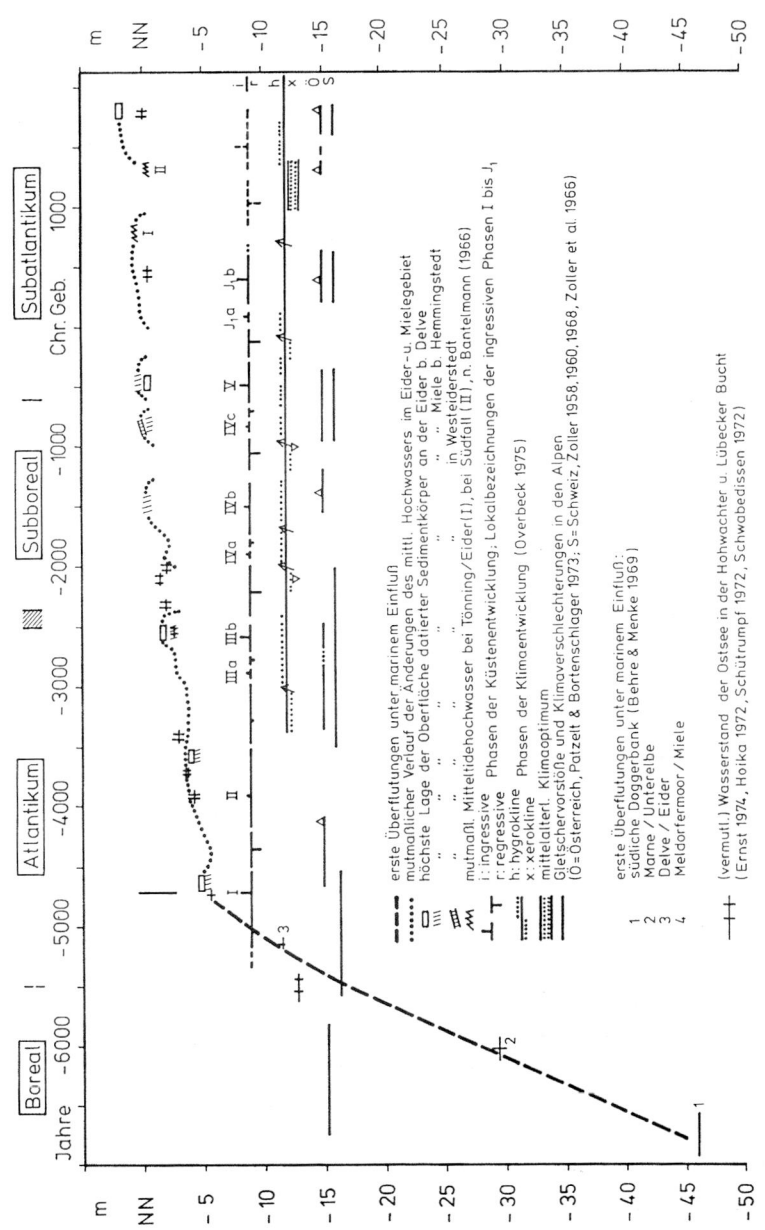

Tab. 5: Aus: LKN 1985; Fachplan Küstenschutz Sylt.

mit der Tide verfrachtet zu werden: Bei Flut verlagerten sie sich nach Norden und bildeten einen Nehrungshaken nördlich von Kampen. Bei ablaufendem Wasser wurden die Sandmassen von der Geest Westerlands aus nach Süden transportiert und formten einen ersten Sandhaken in Richtung Rantum. Dieser Prozess des Meeresspiegelanstieges und der Überflutungen, genannt Transgression, wurde zwar immer wieder von einer längerfristigen Meeresspiegelkonstanz, ja manchmal sogar von kurzfristigem Absinken des Meeresspiegels, einer Regression, unterbrochen, hat aber letztendlich bis heute angehalten (Tab. 5).

Als vor etwa 6.000 Jahren – zur Zeit des Atlantikums – der rasante Meeresspiegelanstieg von teilweise bis zwei Metern pro Jahrhundert zu Ende ging, war die Nordsee westlich von Sylt so weit angestiegen, dass das Wasser um die Nehrungshaken im Norden und Süden herumfließen konnte. Die Strömung nahm die feinsten Bestandteile, die sie aus der Geest ausgewaschen hatte, mit und lagerte sie auf der Rückseite der Sandhaken und Sandbänke als Wattsediment ab. Durch diesen als „Aufschlickung" bekannten Prozess bildete sich das Wattenmeer.

Das Abschmelzen der Polkappen und Inlandsgletscher stellt nicht das einzige Phänomen dar, wenn es um den Meeresspiegelanstieg und die Veränderungen des Küstenverlaufes geht. Die über 3.000, vielleicht sogar 4.000 Meter mächtigen Eismassen haben durch ihr Eigengewicht zu einer drastischen Veränderung beim Schweregleichgewicht in der Erdkruste geführt. Durch die Eisauflast wurde die Obere Kruste vermutlich um Hunderte Meter tiefer in die Untere Kruste und damit in den heißen, leicht verformbaren Erdmantel hineingedrückt. Als die Abschmelzprozesse begannen, fing die entlastete Kruste an, sich wieder auszudehnen und anzuheben. So steigt Skandinavien auch heute noch in jedem Jahr um einige Millimeter nach oben, während die Landoberfläche in den Niederlanden immer weiter absinkt. Der nacheiszeitliche Anstieg der Landmasse in Skandinavien um nahezu 300 Meter und das Absinken der Sedimente in Holland werden durch einen gleichzeitigen Anstieg des Meeres überlagert. Somit wird verständlich, dass die Messungen an fast allen Pegeln der Welt im Zweifel jeweils auch nur eine relative Aussage in Bezug auf die absoluten Veränderungen des Meeresspiegels am jeweiligen Ort zulassen.

Wichtig für Sylt ist zu wissen, dass just auf der Höhe der Insel das „Scharnier" liegen könnte, zwischen dem alljährlich aus dem Erdmantel aufsteigenden Grundgebirge Skandinaviens und den absinkenden Sedimenten der südlichen

Nordseeküste. Sollte sich diese Annahme bestätigen, wäre der gelbe Messpfahl, der etwa zwei Kilometer westlich von Westerland steht, prädestiniert, den absoluten Meeresspiegelanstieg in der Nordsee anzuzeigen.

Wie bereits erwähnt, schritt der Prozess der Erderwärmung und des damit verbundenen Meeresspiegelanstieges kontinuierlich, aber in unterschiedlichem Tempo, voran. Während die frühen Transgressionen dazu führten, dass der Meeresspiegel in 100 Jahren um mehrere Meter anstieg, verlangsamte sich dieser Prozess bereits vor 6.000 Jahren deutlich (Tab. 5). Die Hochseeinsel Helgoland war vor 4.500 Jahren noch Teil des Schleswig-Holsteinischen Festlandes und bis vor 3.000 Jahren gab es noch großflächig Eichenwälder im Raum des heutigen Wattenmeeres (Abb. 2).

Vor 2.000 Jahren fand eine letzte große Überflutung in der Deutschen Bucht statt: die sogenannte Flandrische Transgression. Danach kam es für längere Zeit zu einem Stagnieren des Meeresspiegels. Zu dieser Zeit bildeten sich durch Aufschlickung (Sedimentanhäufung) die ersten der heute noch vorhandenen Wattgebiete mit primärer Salzwiesenvegetation heraus (Abb. 3). Bis zum mittelalterlichen Klimaoptimum um das Jahr 1000 herum stieg der Meeresspiegel weiter an. Vermutlich deshalb verloren die Friesen große Teile ihres angestammten Siedlungsgebietes in Holland. Es begann eine Völkerwanderung der Friesen, die über Ostfriesland und die Elbmündung bis nach Nordfriesland und bis zum nördlichen Ende des Wattgebietes bei Esbjerg in Dänemark wanderten, ruderten oder segelten. Im 11. und 12. Jahrhundert war der Raum Sylts bereits von Friesen besiedelt. Ob diese ersten Siedler Sylt noch als Halbinsel kennenlernten, ist leider nicht bekannt. Die erste Erwähnung Sylts aus dem Jahre 1141 in einer Urkunde des Klosters Odense in Dänemark vermerkt bereits den Status dieses damals dänischen Eilandes: Isola Syltae – Insel Sylt. Die Insel Sylt, durch das bei Flut überschwemmte Wattenmeer vom Festland getrennt, kennen wir nunmehr seit fast 1.000 Jahren. Da der Meeresspiegel vom 16. Jahrhundert bis in die Mitte des 19. Jahrhunderts kontinuierlich sank, wurde in diesem Zeitraum die Neulandgewinnung durch Eindeichung natürlich begünstigt.

Abb. 2: Der „Urwald" von der Hallig Gröde. Rund 3.000 Jahre alte Baumstümpfe eines versunkenen Eichenwaldes im trockengefallenen Watt südlich der Hallig.

Abb. 3: Mäandrierender Priel in einer Salzwiese am Wattenmeer.

Abb. 4: Blick auf das Rote Kliff bei Kampen. Durch den Druck des Gletschereises wurde saalezeitlicher und älterer Geschiebelehm nach Süden gefaltet.

2.2.4 Insel im Wandel.
Veränderungen der vergangenen 900 Jahre

Wie darf man sich diesen fast eintausendjährigen, durch andauernde Veränderungen geprägten Werdegang Sylts vorstellen? Leider haben wir – nicht einmal ansatzweise – eine kartografische Darstellung Sylts aus dieser Zeit. Somit sind wir neben schriftlichen Quellen und archäologischen Funden wieder einmal auf gesicherte geologische Befunde angewiesen, die für das Jahr 1141 sind:
- Die Eiszeit ist seit ungefähr 9.000 Jahren zu Ende,
- der Meeresspiegel ist seit dem Ende dieser letzten Eiszeit um weit über 100 Meter angestiegen,
- an mehreren Stellen hat die langgestreckte Landschwelle, der Geestrücken, schon Kliffe (Abbruchkanten) vorzuweisen (Abb. 4),
- der zusammenhängende Geestrücken ist bereits damals in zwei oder drei Geestkerne zerfallen,
- die Wattsedimente, die durch Aufschlickung in den letzten 5.000 Jahren auf über 25 Meter angewachsen sind, können mit dem Meeresspiegelanstieg Schritt halten und stellen somit einen nachwachsenden Sedimentpuffer riesigen Ausmaßes im Osten von Sylt dar,
- Sylt ist – möglicherweise durchgehend – seit 4.000 Jahren besiedelt,
- das älteste, heute noch erhaltene Bauwerk, die Tinnum-Burg, ist bereits über 1.000 Jahre alt,
- vor etwa 2.000 Jahren sind die letzten Eichenwälder überflutet worden und abgestorben (Überreste dieser Urwälder finden sich zum Beispiel heute noch im Watt vor der Hallig Gröde),
- die Insel ist relativ frei von Vegetation. Nacheiszeitlich eingewandert ist die Pflanzenfamilie der Atlantischen Küstenheide (Glockenheide, Besenheide, Krähenbeere, Ginster). Überall auf Geest und Nehrungshaken finden wir große Dünengebiete. Die Mehrzahl der Dünen sind Wanderdünen.

Die eingewanderten, siedelnden Friesen fanden ein Sylt vor, das aus Geestinseln, Nehrungshaken im Norden und im Süden, Sandbänken im Westen und Salzwiesen im östlichen Teil bestand. Da sie vermutlich schon in Friesland ihre Häuser der Sturmfluten wegen auf künstliche Kleihaufen ins Wattenmeer gebaut hatten und auch in Holland dem Meer Land abgewannen, brachten sie diese Techniken mit nach Nordfriesland: Warftbau für die Wohnhäuser und die Stallungen und Deichbau, um Landwirtschaft in der fruchtbaren Marsch betreiben zu können. Die ältesten Gebäude, die sie bauten und die heute noch stehen, sind die beiden über 800 Jahre alten Kirchen in Morsum und in Keitum. Sie thronen hoch oben auf den soliden Sanden der alteiszeitlichen Geest.

Die ersten Deiche, welche die Friesen im 12. Jahrhundert bauten, waren mit einer Höhe von drei bis fünf Fuß (etwa ein bis 1,5 Meter) Sommerdeiche. Sie sind mit großer Wahrscheinlichkeit nirgendwo mehr vorhanden, da sie längst gebrochen, eingeebnet oder überbaut bzw. durch neuere und wehrfähigere Deiche ersetzt worden sind. Diese frühen Deiche dienten der Umfriedung von Marschland, also dem Eindeichen von landwirtschaftlichen Nutzflächen. Das neu eingedeichte Land musste anschließend entwässert werden und ist seither mit Gräben durchzogen. Gleichzeitig wurde Salz aus dem zum Teil torfigen Untergrund durch Sieden gewonnen und es wurde für Heizzwecke Torf gestochen. Durch diese Maßnahmen und natürlich auch dadurch, dass die eingedeichte Marsch nicht mehr überflutet wurde und somit die "Aufschlickung" beendet war, fing das Land an, sich zu setzen. Das eingedeichte Neuland sinkt mit der Zeit immer tiefer unter den Meeresspiegel und ist auf die Wehrhaftigkeit der Deiche angewiesen, um nicht dauerhaft nach einem Deichbruch im Meer zu verschwinden. So liegt der tiefste Punkt der Elbmarschen heute dreieinhalb Meter unter NN, während der tiefste Punkt der Niederlande bereits sieben Meter unter NN erreicht hat.

Erst die zweite Generation von Deichen diente der Sicherung des besiedelten Marschlandes selbst. Diese Deiche wurden so gebaut, dass sie ganzjährigen Schutz boten und die Bewohner auch bei höheren Sturmfluten von einer Warft zur anderen gelangen konnten (Abb. 5). Die Eindeichungen sollten aber auch das auf der Geest und den Nehrungen liegende West-Sylt und das zu großen Teilen aus Marsch bestehende Ost-Sylt aneinander binden. West-Sylt reichte von der Hörnumer Halbinsel im Süden über die Westerland/Tinnumer-Wenningstedter-Kampener Geest und den nördlichen Sand- und Nehrungshaken mit dem daran angrenzenden Ellenbogen bis nach List und endete in Keitum östlich der St. Severin Kirche mit dem Wotanshügel beim Großsteingrab Tipkenhoog. Ost-Sylt bestand nur aus den auf der Hohen Geest gegründeten Ortschaften Archsum und Morsum und den daran anschließenden Marschlanden. Aus der Tatsache, dass diese beiden Ortschaften nur eine Kirche besitzen, könnte man ableiten, dass Archsum und Morsum damals noch auf einem zusammenhängenden Geestkörper lagen. Vermutlich haben Eindeichungen im 14. bis 16. Jahrhundert dazu geführt, dass wir es schon zu diesem Zeitpunkt mit einer von Westerland bis Morsum zusammenhängenden Insel zu tun hatten. Sollten Sie einmal das Glück haben, die Ost-Sylter Halbinsel bei guter Fernsicht vom Lister oder Hörnumer Hafen aus betrachten zu können, so endet West-Sylt optisch immer noch in Keitum und in einigem Abstand sehen Sie den Geestkern Archsum und den Geestkern Morsum als eigenständige Inseln oberhalb des sichtbaren Horizonts. Ähnlich wie bei den Halligen, wo man aus der Entfernung auch nur die Warften gewissermaßen auf dem Wasser schwimmen sieht, kann man ab etwa zehn Kilometer Entfernung die flache, eingedeichte Marsch nicht mehr als Land oberhalb des Horizonts wahrnehmen.

Diese Eindeichung der fruchtbaren Marschgebiete führte auf jeden Fall dazu, dass wir bereits in der ältesten verfügbaren Karte des Husumer Landvermessers Johannes Mejer eine Insel Sylt vorfinden, die ähnlich aussieht wie auf neuen topografischen Landkarten, deren Proportionen sich in Bezug auf Länge und Breite aber deutlich von den heutigen unterscheiden. Die 1652 im Danckwerth-Atlas veröffentlichte Karte (Karte 3) soll die Topografie Nordfrieslands in den Jahren vor der Großen Mandränke 1634 darstellen, als es die zusammenhängende Insel Strand nördlich des im 14. Jahrhundert untergegangenen Ortes Rungholt noch gab. Bei genauerer Betrachtung dieser Karte wird sehr schnell klar, dass die Fehler, die bei der geodätischen Landvermessung auftraten, bis zu 20

Abb. 5: Seedeich am Rantum Becken mit Sielzug für die Entwässerung.

Prozent betragen. Somit ist auch das für die Insel Sylt gemessene Verhältnis von Hörnum – List zu Westerland – Morsum, also von 33 Kilometern Nord-Süd zu 18 Kilometern West-Ost mit Vorsicht zu genießen. Es würde bedeuten, dass die Insel in den letzten 350 Jahren um vier bis fünf Kilometer länger geworden wäre, aber in ihrer größten West-Ost-Erstreckung um fünf Kilometer schmaler. Bei einer vorsichtigen Betrachtung komme ich als Geologe zu dem Schluss, dass die Rückverlagerung der Westküste im zentralen Teil Sylts während der vergangenen 360 Jahre knapp einen Kilometer betragen haben dürfte, während östlich des heutigen Endes Sylts am Morsum Kliff maximal 500 Meter den Sturmfluten anheim gefallen sein dürften. Das Längenwachstum der Nehrungshaken ist vor allem im unbesiedelten Süden nur schwer zu fassen, es sollte aber ein bis zwei Kilometer nicht überschritten haben.

Anhand der geografischen Angaben von Jens Booysen in seinem Buch „Beschreibung der Insel Silt […]" aus dem Jahr 1828 wäre demnach die Insel im Norden um etwa 100 Meter, jedoch im Süden bis 2012 um fast 800 Meter länger geworden. Mit Hilfe von Karte 6 erkennt man unschwer, dass die Hörnumer Nehrung von 1828 bis 1967 um etwa 1,5 Kilometer länger geworden ist. Erst nach dem 1968 erfolgten Buhnenbau nahm ihre Länge bis 2012 um rund 700 Meter ab.

Nach gleicher Quelle ist die zentrale Geest der Insel zwischen Westerland und Morsum von 1828 bis 2010 um weniger als einen Kilometer schmaler geworden.

Die Neuzeit hält Einzug: Die Einwohner besiedeln die Westküste

Mitte des 17. Jahrhunderts erfolgte die erste genauere kartografische Erfassung der Insel. Die nun beginnende Epoche war geprägt durch folgende Faktoren:

Die Friesen, die in großer Armut lebten, gingen früher „der Sage nach" (Booysen, 1828) im Wattenmeer auf Heringsfang. Der Ertrag an Heringen aus der Nordsee ging im 17. Jahrhundert allerdings sehr stark zurück.

Die Fischer mussten daraufhin zum Überleben ihrer Familien auf Schiffen in Hamburg und in Amsterdam anheuern und waren teilweise über sechs Monate als Kommandeure, aber auch als einfache Seeleute auf den Walfangschiffen im Nordmeer unterwegs.

Karte 3: Nordfriesland und das Amt Tondern vor dem Jahr 1634 (aus: Naudiet, 1985).

Nach der verheerenden Sturmflut von 1634 (zweite Große Mandränke) ist die Südermarsch nicht wieder eingedeicht worden. Eine Neueindeichung scheiterte vermutlich daran, „dass unmittelbar nach dieser großen Flut ein Großteil der männlichen Bevölkerung die Insel verließ und an Bord holländischer Schiffe auf Walfang ging". (Kühn, 1992). Die Marsch wurde fast ausschließlich von Frauen, Kindern und alten Menschen bewirtschaftet. Flugsand drohte immer wieder die Ortschaften Alt-List und Alt-Rantum unter sich zu begraben.

Die Hohe Geest, die Nehrungshaken und die Marsch (Karte 4).

Die geologischen wie auch die geografischen Besonderheiten ihrer Landschaft prägen die Lebensgewohnheiten der Friesen. Sie lebten und siedelten vor allem auf der Hohen Geest, vorzugsweise weit entfernt von der Nordsee, am Wattenmeer. Die Erfahrung, welche die Siedler auf den Nehrungshaken in Alt-List und in Alt-Rantum machen mussten, waren verheerend: Ihre Häuser wurden vom Dünensand begraben. Alt-List ist bis heute unter den Wanderdünen verschwunden und Alt-Rantum kommt nach Sturmfluten im Westen der heutigen Ortslage scheibchenweise mit Siedlungsresten wieder zum Vorschein.

Auf einem sehr niedrigen Geesthügel südlich von Tinnum und östlich des Rantum / Hörnumer Nehrungshakens werden die Orte Steidum, Munkmarsk und Eidum gelegen haben, deren Ursprung geschichtlich belegt ist (nach Gripp, 1940). Dafür spricht noch heute die Lage eines Priels mit dem Namen „Eidum Tief" östlich von Rantum. Die über 100 Steingräber und Grabhügel („Hünengräber") dokumentieren sehr gut, dass die Hohe Geest bereits vor 5.000 Jahren besiedelt war, die Nehrungshaken es aber erst seit etwa 800 Jahren sind. Die Marsch weist mit der Tinnum-Burg Spuren menschlicher Aktivitäten vor 2.000 Jahren auf. Siedlungsspuren fehlen in der Marsch von Sylt fast vollständig.

Bis weit ins 19. Jahrhundert hinein waren erhebliche Teile der Sylter Bevölkerung arm. Nur die erfolgreichen Walfänger und Kapitäne konnten sich die prächtig ausgestatteten „Friesenhäuser" vor allem des 18. Jahrhunderts leisten. Bäuerlichen Wohlstand und größere Höfe gab es in den Orten, von denen aus Marschländereien bewirtschaftet wurden.

1850 erwies sich als das Jahr des Wandels. Ärzte aus Hamburg bescheinigten der weit vor dem Festland liegenden Insel Sylt ein besonderes Reizklima. Der Gehalt an haut- und atmungsaktiven Ärosolen in der Luft nimmt noch einmal deutlich

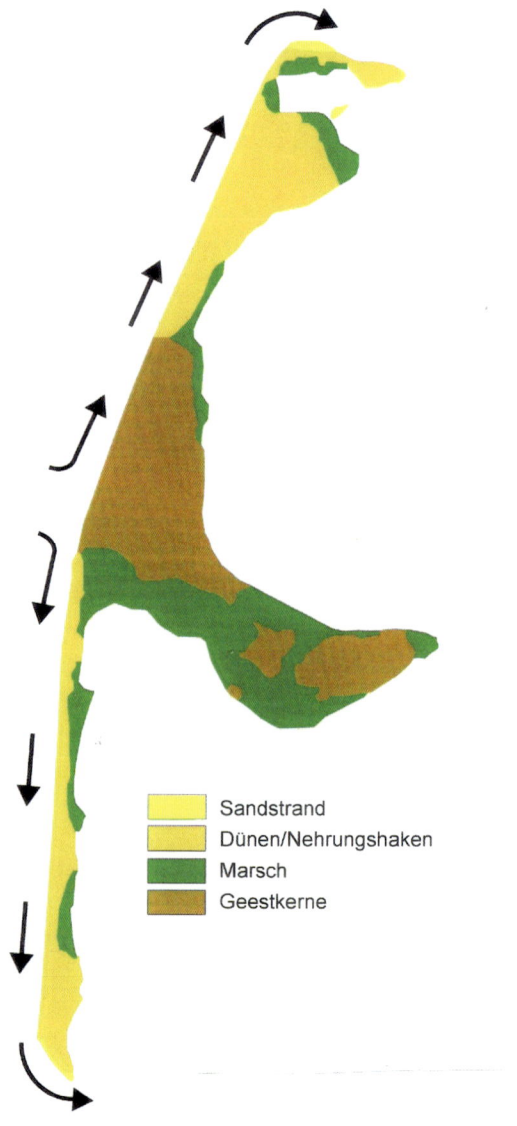

Karte 4: Geologische Karte Sylt (aus: LZV: Landschaftszweckverband : „Konzept Besucherlenkung Sylt").

zu, wenn man sich der Brandung nähert. So geschah es, dass erste Logierhäuser in Westerland und später auch in Wenningstedt in der im Westen gelegenen Dünenlandschaft und auf dem Roten Kliff errichtet wurden, obwohl schon damals bekannt war, dass das sandige Kliff bei Sturmfluten immer wieder zum Teil schwere Abbrüche zu verzeichnen hatte. 1855 gilt heute als das offizielle Gründungsjahr des Bades Westerland, 1859 wird Wenningstedt ebenfalls zum Seebad. Sylt wurde also vergleichsweise spät zum Seebad – Norderney war bereits 1797 ein bald viel besuchter Nordsee-Kurort geworden, Föhr folgte 1819 und Helgoland erlangte 1826 seine Badekonzession.

Eine veränderte Lebens- und Siedlungspolitik mit neuen Gesetzen und Verordnungen für die auf Sylt lebenden Friesen und Dänen brachte das Jahr 1866. Zwei Jahre zuvor hatte Preußen den deutsch-dänischen Krieg durch die Schlacht bei den Düppeler Schanzen für sich entschieden. Die Insel Sylt gehörte somit zum ersten Mal in ihrer Geschichte ganzheitlich zu Deutschland.

Die Geologen und Wasserbauer der preußischen Landesregierung in Berlin hatten jetzt das alleinige Sagen auf der Insel. Da sie ihre Ausbildung hauptsächlich an den Gestaden der Ostsee absolviert hatten, brachten sie auch neue Begriffe nach Sylt: Nehrung und Haff. Der auch heute noch von den Friesen benutzte Begriff „Haff" wurde erst später durch die holländische Bezeichnung „Wattenmeer" verdrängt.

Da man in Berlin die Probleme zwischen Besiedlung, Natur und Küstenschutz schnell erkannte, wurde folgende Vorgehensweise beschlossen:

Gegen das immer noch beobachtete Versanden der Häuser wurde eine flächige Bepflanzung mit Kiefern und Strandhafer verordnet: Kiefern sollten auf Sandflächen gepflanzt werden und der Strandhafer auf den Dünen, um mit Hilfe der Wurzeln die Sandkörner festzuhalten.

Gegen den Strandrückgang und die Abbrüche am Kliff sollten Buhnen gebaut werden. So hoffte man, den Küstenrückgang zu stoppen und die Häuser vor dem unweigerlichen Absturz zu bewahren.

Das Wort „Buhne" stammt aus dem Niederländischen und ist verwandt mit dem Wort Bühne. Es bezeichnet ein größeres, über die Wasseroberfläche hinausragendes Uferschutzwerk, das senkrecht zum Küstenverlauf ins Meer

Abb. 6: Ältester Sylter Buhnentyp von 1869: Doppelreihen von Eichenpfählen mit Steinschüttung aus Findlingen.

Abb. 7: Starke Lee-Erosion an einer Buhne am Ellenbogen. Buhne aus Stahlspundwänden und eisenarmierten Betonpfählen, Blickrichtung Nordwest.
Links von der Buhne ist das normale Strandniveau zu erkennen, rechts liegt der Strand etwa ein bis zwei Meter niedriger. Grund für die Sandausräumung ist die Lee-Erosion bedingt durch starke Strömung von Südwest.

Abb. 8: Uferschutz Deckwerk aus Basaltsteinen (im Vordergrund) und Stahlbuhne am Ellenbogen, Blickrichtung Nord. Am Horizont sieht man die Insel Röm in Dänemark. Rechts von der Stahlbuhne wurde eine Bucht gebildet, die durch Lee-Erosion entstand, genauso wie das Dünenkliff am rechten oberen Bildrand.

Abb. 9: Seedeich mit Lahnungsfeldern zum Küstenschutz im Wattenmeer.

hinaus gebaut wird. Bis zum Bau der ersten Buhnenwerke an der Nordseeküste kannte man solche Buhnen nur von den Flüssen und hatte mit ihnen dort gute Erfahrungen gesammelt.

Die ersten Buhnen als Küstenschutz-Bauwerke wurden 1869 in Form einer doppelten Holzpfahlreihe errichtet, zwischen die große Findlinge gelegt wurden (Abb. 6). Nach 1927 folgten Buhnen aus Stahlspundwänden, sogenannte Einwandbuhnen (Abb. 21) und 1936 ging man zu Kastenbuhnen, mit Eisen armierte Betonpfahlbuhnen, über. Nach 1960 wurden Flachbuhnen aus Basaltdeckwerk gebaut, die sogenannten „Flunderbuhnen", wie sie bei Niedrigwasser vor Westerland anzutreffen sind.

Die Buhnen wurden von den Dünen oder vom Kliff aus ins Meer gebaut. Man erhoffte sich, dass sie die Wellen brechen und für eine Beruhigung der Strömung sorgen würden, tatsächlich eingetreten ist aber Folgendes: Strömung und Wellen haben auf der Luv-Seite der Buhnen (die Seite, von der die Strömung kommt) ein wenig Sand angehäuft, aber gleichzeitig auf der Lee-Seite (die der Strömung abgewandten Seite) mindestens genauso viel Sand ausgespült. Gleichzeitig ist am Landende jeder Buhne der Strand oder das Kliff viel stärker erodiert worden, als es ohne dieses Bauwerk der Fall gewesen wäre. Man nennt diesen Prozess des vermehrten Sandverlustes durch Wirbelbildung und Auskolkung Lee-Erosion (Abb. 7 und 8).

Wenn Sie einmal – am besten bei Niedrigwasser – von den Dünen oder vom Kliff hinunter auf die Nordsee blicken, können Sie die zum Teil stark eingesandeten Buhnenreste ziemlich verloren vor dem Strand liegen sehen. Die ersten Buhnen sind 1869 landseitig direkt an den Dünenfuß bzw. an das Kliff herangebaut worden. Sie können also gut erkennen, wie viele Meter an Küste seit dem Bau der Buhnen verloren gegangen sind: Es sind etwa ein bis zwei Meter pro Jahr. Die Buhnenreste draußen im Meer haben schon lange nichts mehr mit dem Rückgang der Küste zu tun, sondern stellen nur noch eine immense Gefahr für Badende und Surfer dar. Aus diesem Grunde sind 2005 am Kampener Strand viele der gefährlichsten Buhnen rückgebaut worden und auch vor Wenningstedt und Westerland sind in den letzten Jahren immer wieder Buhnenreste beseitigt worden.

Fachleute des Marschenbauamtes in Husum haben bereits 1899 erkannt, dass starrer Buhnenbau den Küstenrückgang Sylts nicht aufhalten kann (Besch,

Hörnum Odde, Weststrand, Blickrichtung Nordwest.

Selbstverlag). Im Gegenteil, er hat sich dort, wo Buhnen wie an der Westküste gebaut wurden, sogar noch beschleunigt. Trotzdem gipfelte der Buhnenbau vor Westerland und in Hörnum darin, dass man sechs Tonnen schwere Vierfüßer aus Beton, die sogenannten „Tetrapoden", am Strand platzierte. Sie sind eine patentierte Erfindung, die an der Universität von Grenoble in Frankreich gemacht wurde, um an der Granitküste der Bretagne und der Normandie die Häfen mit Molen gegen die hohe Brandung des Atlantiks zu schützen. In Frankreich sind diese Tetrapoden auf dem felsigen Untergrund verlegt worden. Da aber der Sylter Strand aus feinem Sand besteht, sind diese Betonteile innerhalb weniger Jahre soweit eingesunken, dass einige von ihnen gar nicht mehr zu sehen sind. Viele Tetrapoden sind deshalb auf langen Sandsäcken (Geotextilien) verlegt worden. Aber diese Säcke zerrissen mit der Zeit und somit konnten die Tetrapoden, die an drei verschiedenen Orten vor Westerland sowie vor Hörnum als sogenannte Längswerke verlegt worden sind, nie die Funktion erfüllen, die ihnen aus Sicht der Ingenieure zugedacht war (Abb. 18).

Die letzte Buhne, welche die Sylter Küste erdulden musste, war auch die größte. Im Jahr 1968 wurde eine 270 Meter lange Buhne aus mehr als 1.400 Tetrapoden am Hörnumer Weststrand erbaut. Sie sollte den küstenparallelen Sandtransport nach Süden stoppen und gleichzeitig die nördlich der Hörnumer Odde erbauten Häuser der großen Ferienhaussiedlung (Kersig-Siedlung) vor dem Untergang bewahren (siehe Kap. 5.4, Wanderung Hörnum Odde).

Die Verantwortlichen werden sich der Gefahr wohl nicht bewusst gewesen sein, die von diesen riesigen Betonteilen ausgehen kann. Trotz ihrer sechs Tonnen Gewicht wurde während einer Orkanflut eine Tetrapode von den Wellen hochgehoben und gegen die Westerländer Kurpromenade gedrückt, wo sie schwere Schäden anrichtete bis hin zum teilweisen Einsturz. An den jeweiligen Enden der Tetrapodenreihen (Längswerke) vor Westerland und in Hörnum sind deutlich die durch Lee-Erosion entstandenen Auskolkungen in den Dünen zu sehen (Abb. 22). Beim Tetrapoden-Querwerk in Hörnum (der 270 Meter langen Großbuhne) hatte sich der Verlust der Dünen unmittelbar nach dem Verlegen der Betonteile durch extreme Lee-Erosion um das Acht- bis Zehnfache erhöht. Das gesamte Dünengebiet südlich der Kersig-Siedlung mit einer damaligen Fläche von 157 Hektar ist 1972 unter Naturschutz gestellt worden. Die Auswirkungen dieser Lee-Erosion haben bis zu Beginn des 21. Jahrhunderts bereits mehr als drei Viertel der Dünen im Naturschutzgebiet Hörnum Odde unwiederbringlich zerstört und fortgeschwemmt (Karte 6).

Die Bilanz aus gut 100 Jahren Anstrengung, durch den Bau von Buhnen eine durch Sturmfluten und Anstieg des Meeresspiegels sich über Jahrhunderte nach Osten verlagernde Sandfläche und zuletzt Sandinsel vor weiterem Abtrag zu bewahren: Ingenieure und Wasserbauer haben lange Zeit versucht, unter Zuhilfenahme von starren Bauwerken und Verfelsung eine aufgrund unterschiedlichster Begehrlichkeiten wichtige Küstenlinie für immer zu fixieren. Bis auf die 1907 aus rotem Backstein erbaute Kurpromenade vor dem Westerländer Hauptstrand ist es ihnen nirgendwo dauerhaft gelungen.

Somit bezeichnet das Jahr 1972 einen wichtigen Meilenstein in der jüngeren Geschichte Sylts. Damals startete der Versuch (!) mittels einer neuzeitlichen, in Nordholland und in Friesland entwickelten Methode, der Sandentnahme aus dem Meer und der Aufspülung an den Stränden, die Küsten der Uthlande (dem Land vor den Deichen) und speziell Sylts sicherer zu machen und trotz allgemeinen Sandabtrags immer wieder mit neuem Sand zu versorgen.

Die Methode der Sandaufspülung hat sich aus der Weiterentwicklung alter Techniken der Landgewinnung an der Nordsee herausgebildet: Um Land aus den Wattflächen und Salzwiesen vor den Deichen zu gewinnen, wird – früher mit dem Spaten, später mit dem Bagger – gegrüppelt. Dabei werden Gräben ausgehoben, um darin möglichst schnell Sediment fangen zu können, und der Aushub wird zwischen den Gräben zu Wällen aufgeschüttet. Zusätzlich werden Lahnungen angelegt (Holzpflockreihen mit darin eingebundenem Reisig), die oft in T-Form ins Watt ragen (Abb. 9). So gestartet dauert es meist nur einige Jahre, bis der Wattboden eine so starke Aufschlickung (Sedimentanhäufung) erfahren hat, dass zumindest große Bereiche des Watts selbst bei normalem Hochwasser noch aus dem Meer herausragen. Zwischenzeitlich haben sich bereits erste Pionierpflanzen wie Queller und Andelgras angesiedelt und sorgen weiter für eine Erhöhung des Substrats. Um das Jahr 1940 herum haben die Holländer versucht, den Prozess der Landgewinnung noch dadurch zu beschleunigen, dass sie Sand aus dem Meer entnahmen und im sogenannten Nassspülverfahren auf den schon gefestigten und erhöhten Vorlandbereich aufbrachten. Genau diese Technik wurde 1972 erstmals für die Insel Sylt angewandt. Diesmal allerdings nicht, um Neuland zu gewinnen, sondern um die anhaltenden Sandverluste am Weststrand möglichst auszugleichen. Nachdem die ausführende Behörde, das LKN (Landesbetrieb für Küstenschutz, Nationalpark und Meeresschutz), diese Technik seit 1982 fast jährlich an unterschiedlichen Strandabschnitten zum Einsatz bringt, sind drei verschiedene Verfahren zur Anwendung gekommen:

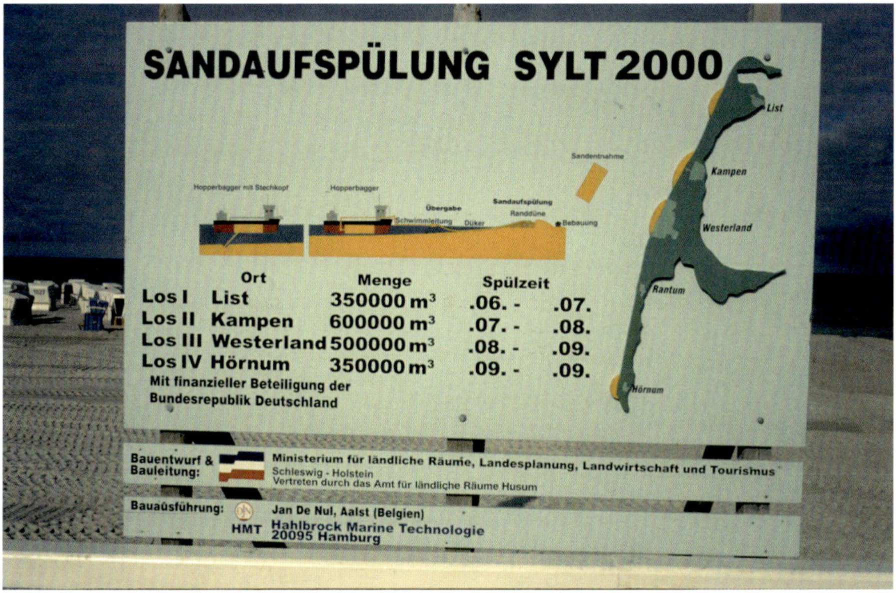

Abb. 10: Küstenschutzmaßnahme Nr. 1 an der Westküste: Sandaufspülung.

Abb. 11: Spülfeld der Sandersatzmaßnahme: Westerland, Brandenburger Strand.

Sandvorspülung, Höft-Spülungen, und am häufigsten in den vergangenen zehn Jahren Sandaufspülungen.

In diesem Verfahren wird mittelkörniger Sand aus einem vorher genau untersuchten Entnahmegebiet westlich von Westerland mit einem Saugbagger aus Wassertiefen von 12 bis 15 Metern in einer Entfernung von über sieben Kilometern zur Insel entnommen. Je nach Verfahren wurde dieser Sand per Spülleitung entweder vor der Küste ins Meer gespült (Sandvorspülung) oder als Höft, eine ins Meer ragende Zunge, aufgespült. Diese beiden Methoden haben sich vor der Westküste Sylts nicht gut bewährt: Entweder war die Verweildauer des Sandes zu kurz wie beim Höft, oder aber es bildete sich zwischen dem Inselsockel und der Sandvorspülung eine tiefe Rinne mit einer hohen Strömungsgeschwindigkeit und starker Tiefenerosion heraus. Dies geschah 1986 vor der Hörnumer Odde. Der Sandabtrag am Strand war nach durchgeführter Sandvorspülung bei ganz normalem Hochwasser leider viel größer als vorher.

Die neuerdings fast jährlich durchgeführten Sandaufspülungen beruhen auf einem ganz einfachen Prinzip: Die Insel Sylt verliert am 38 Kilometer langen Weststrand im langjährigen Mittel bis zu 1,2 Millionen Kubikmeter Sand pro Jahr. Ersetzt man per Sandaufspülung den während eines Jahres verdrifteten Sand durch neuen Sand (Quarzsand, SiO_2) in etwa der gleichen Färbung und Korngröße und bringt ihn per Spülleitung an die Stelle, wo er vor wenigen Monaten erst weggespült wurde, so kann man den Sandverlust – rechnerisch betrachtet – ausgleichen. Trotz sehr ernst zu nehmenden Bemühungen hat das Rote Kliff vor Kampen in der Sturm- und Orkansaison 1999 / 2000 bis zu zehn Meter seines Kliffs eingebüßt. Die gesamten Sandverluste am Weststrand lagen in diesem Winter mit fünf bis sechs Millionen Kubikmeter Sand weit höher als die zwei Millionen Kubikmeter, die der Insel im Landtagswahljahr 2000 zur Verfügung gestellt wurden (Abb. 10 und 11).

2.2.5 Ausblicke auf die nächsten Jahrhunderte – Sylt: quo vadis?

In der Form, wie die flächenmäßig größte deutsche Nordseeinsel Sylt, vor den Deichen des nordfriesischen Festlandes liegt, spielt sie eine ganz entscheidende Rolle als Wellenbrecher vor der eingedeichten Küste Schleswig-Holsteins. Mit ihren Sedimentformationen und spektakulären Landschaftsformen stellt sie draußen im Wattenmeer etwas Eigenständiges, ja Einzigartiges auf der Welt dar.

Man kann ruhig mal versuchen, den Küstentyp zu charakterisieren. Wir sprechen hier von einer „Watt-Nehrungs-Inselreihen-Küste mit Kliff und Dünen". Wo gibt es das sonst noch?

Bevor wir versuchen, einen Blick in die Zukunft zu wagen, schauen wir uns ein letztes Mal die wichtigsten Sachverhalte an, wie wir sie Anfang des 21. Jahrhunderts vorfinden:

Sylt ist eine 38 Kilometer lange Insel und hat einen eiszeitlichen Geestkern, der bei jeder größeren Flut Material einbüßt, das aufgrund der Strömung in der Deutschen Bucht regelmäßig und vorhersehbar umverteilt wird. Das auflaufende Wasser transportiert die Sande nach Norden, das ablaufende nach Süden, so wird unablässig Nachschub für die Nehrungshaken zur Verfügung gestellt.

Sind diese Sande am Ellenbogen im Norden bzw. an der Hörnumer Odde im Süden angelangt, so teilt die Strömung die Sande: Gröberes Material gelangt im Süden auf die Sandbänke (Theeknobsand und Jungnamensand), im Norden auf den Salzsand, der Rest des Sandes baut im Norden den Ellenbogen auf und liefert über 90 Prozent des Nachschubs für den Wattboden, im Süden der Insel strömt ein Großteil ebenfalls Richtung Osten ins Wattenmeer (Karte 10).

Die Sandbänke haben zusätzlich noch einen wichtigen ökologischen Nutzen, denn sie sind die Ruheräume für die größten Raubtiere im Wattenmeer: die Seehunde und Kegelrobben.

Die drei Geestkerne sind durch Eindeichung des Watts miteinander verbunden und stellen zusammen die Insel dar.

Im Osten endet die Insel bei den uneingedeichten Salzwiesen von Morsum Nösse unmittelbar vor dem 1923 bis 1927 erbauten, 11 Kilometer langen Bahndamm (Hindenburgdamm) zum Festland.

Durch Sandabtrag und Kliffabbrüche verliert die Insel im Osten normalerweise weniger als einen Meter pro Jahr, im Westen sind es ein bis zwei Meter pro Jahr, manchmal sogar noch mehr.

Mit der zukunftsweisenden Technologie der Sandaufspülung hat die ausführende Behörde, das LKN, der Insel Sylt eine Methodik an die Hand gegeben, die das

Prädikat „nachhaltig" verdient. Wenn für den jährlichen Küstenschutz noch freie Gelder zur Verfügung stehen, wird die aufgespülte künstliche Düne, auch Verschleißbauwerk genannt, zusätzlich mit Sandfanghilfen ausgestattet: Faschinen und Strandhaferpflanzungen. Letzteres wird auch als Beitrag zum biotechnischen Küstenschutz gesehen.

Wagen wir jetzt einen Blick in die Zukunft, so wird schnell klar, dass vorrangig das LKN in Husum und Kiel ein Hauptinteresse hat, konkrete Prognosen über die Größe der zu erwartenden Sedimentumlagerung in den nächsten Jahren zu erhalten. Für eine zuverlässige Abschätzung fehlen leider immer noch ausreichende und vor allem verlässliche Fakten. Genau aus diesem Grund ist vor über 20 Jahren ein gelber Messpfahl etwa zwei Kilometer westlich von Westerland in einer Wassertiefe von zehn Metern installiert worden. Eine der spektakulärsten Meldungen war einmal, dass dort Wellenhöhen bis neun Meter gemessen wurden, was jedoch nur schwer vorstellbar ist.

Nach Aussage des Wasser- und Schifffahrtsamtes Tönning lag der höchste jemals gemessene Wasserstand am Pegel List auf Sylt im November 1981 bei 3,25 Meter über dem normalen Tidehochwasser (NTHw); das entspricht einem Wasserstand von 405 Zentimetern über NN. Die historisch höchsten Wasserstände seit dem Beginn der Messungen im Sommer 1936 gab es auf Helgoland im Februar 1962 und vor der Küste Dithmarschens sowie in Husum im Januar 1976.

Die wohl am häufigsten gestellte Frage von Gästen, Politikern und vielen Entscheidungsträgern ist mit Sicherheit die nach der zukünftigen Entwicklung des Meeresspiegels in der Deutschen Bucht, wobei mehrheitlich von weiter anhaltender Klimaerwärmung ausgegangen wird.

Die weltweit publizierten Prognosen gleichen sich in ihrer Tendenz, sind aber mit einer großen Fehlerquote behaftet: Das Bundesamt für Seeschifffahrt und Hydrographie (BSH) prognostiziert einen Meeresspiegel Anstieg zwischen acht und 88 Zentimetern für die nächsten 100 Jahre; der Weltklimarat (IPCC) in Washington kommt in seiner vierten Prognose von 2007 zu einem möglichen Anstieg zwischen 26 und 59 Zentimetern für den Zeitraum bis 2100. Manche Computersimulationen gehen deutlich darüber hinaus. So schätzt die amerikanische Umweltbehörde EPA, dass je nach Höhe des zukünftigen weltweiten Temperaturanstieges der Meeresspiegel im kommenden Jahrhundert zwischen 50 und 200 Zentimeter ansteigen könnte. In der Neuauflage des Generalplans

Küstenschutz von 2012 wird von einem möglichen Anstieg des Meeresspiegels zwischen 0,2 und 1,4 Metern bis zum Jahre 2100 ausgegangen (Generalplan Küstenschutz, Fortschreibung 2012). Diese Zahlen sind jedoch Mittelwerte. Die Anstiege fallen in verschiedenen Bereichen der Ozeane und in verschiedenen Küstenregionen unterschiedlich aus. ‚Stauräume' wie die Deutsche Bucht könnten einen höheren als den durchschnittlichen Anstieg verzeichnen.

Neueste Messungen belegen einen aktuellen Meeresspiegelanstieg von 2,7 Millimetern pro Jahr. Der am Pegel Husum gemessene Anstieg der Nordsee beläuft sich von 1900 bis 2000 auf etwa 25 Zentimeter, ohne die zusätzliche Berücksichtigung von isostatischen Prozessen wie Hebung oder Senkung der Erdkruste am Ort des Pegels.

Versucht man jetzt noch, den Anteil des menschlichen Handelns und der menschlichen Existenz in den Meeresanstieg des letzten Jahrhunderts mit einzubeziehen, so müssen zumindest momentan alle seriösen Erd- und Klimawissenschaftler passen. Auch die besten Modellrechnungen am Computer bringen maximal eine Erkenntnis an den Tag: Der Anteil des Menschen an der momentanen Klimaentwicklung beträgt weder 0 Prozent noch 100 Prozent! Über den konkreten Prozentsatz wird heftig gestritten.

Wie können wir uns die Zukunft auf Sylt anhand dieser Fakten vorstellen?

Folgende Prognose soll einmal gewagt werden – sie gilt natürlich nur dann, wenn bei der Entwicklung des Klimas keine unvorhergesehenen Entwicklungen eintreten, wie zum Beispiel eine Abkühlung des Erdklimas (!):

Die erosiven Prozesse (Abtrag) werden – wie bereits in der Vergangenheit geschehen – die Veränderungen, die sich oberhalb und unterhalb der Wasserlinie zutragen, weiter bestimmen.

Mit oder ohne flankierende Küstenschutz-Maßnahmen wird sich die Westküste der Insel – über einen Zeitraum von mehreren Jahrhunderten betrachtet – weiter nach Osten verschieben. Dass so etwas trotz gut positionierten Sandpolstern auch in neuerer Zeit geschehen konnte, belegen am eindrucksvollsten die Kliffabbrüche vor Kampen im Orkanwinter 1999 / 2000 sowie der durch Sturmfluten und Frostsprengung bedingte Kliffrückgang in den Jahren danach von fast 15 Metern in zwölf Jahren.

Ein Status quo – wie von vielen erhofft – wird nie zu halten sein und stünde auch nicht in Einklang mit einem natürlichen Sedimentkreislauf.

Die fortwährenden Sandverluste an der Westküste kommen den Nehrungshaken, den Sandbänken, dem natürlichen Riff vor der Insel und dem Wattenmeer zugute. Das etwa 150 Meter vor der Küste vorgelagerte, gut 1,5 Meter hohe Sandriff fungiert gerade bei Westwind und starkem Sturm als Wellenbrecher für die Insel und bietet somit den einzigen Küstenschutz, den die Insel zum Nulltarif erhält. Die Erosion der noch verbliebenen drei Geestkerne der Insel wird in einem Zeitraum von 500 bis 1.000 Jahren sicherlich einmal zu einer größeren Zahl von Geestinseln mit einer deutlich kleineren Fläche führen (Klatt, 2012).

Wenn einmal – in vielleicht 2.000 bis 3.000 Jahren – die letzten Sände, bestehend aus eiszeitlichem Material der Geest, im Meer versunken und umverteilt sein werden, dann wird auch das bis dahin unerschöpflich wirkende Reservoir für die Erneuerung von Sandhaken, Sandbänken und das Wattenmeer aufgebraucht sein. Wenn dieser Zeitpunkt, an dem man keine über die Wasseroberfläche mehr sichtbare Landmasse mit dem Namen Sylt belegen kann, in ferner Zeit erreicht sein wird, haben sowohl die Insel Sylt als auch das Wattenmeer in seiner heutigen Ausdehnung aufgehört zu existieren.

3. Bodenschätze auf und unter Sylt

In einem kleinen Land wie Deutschland beschäftigt sich ein Geologe hauptsächlich mit Grundlagenforschung, also den physikalischen und chemischen Rahmenbedingungen, unter denen geologische Prozesse in der Erdgeschichte abgelaufen sind. In den großen, oftmals rohstoffreichen Ländern auf diesem Planeten sind die vielen Bodenschätze oder Lagerstätten, die von der ganzen Menschheit benötigt werden, der wichtigste Grund, weswegen Erdwissenschaftler in aller Welt so gefragt sind. In den Flächenländern ist es also die Suche nach einer „Bonanza", einer ergiebigen Lagerstätte, die für jeden Geowissenschaftler erst den eigentlichen Reiz seiner Tätigkeit ausmacht, da nur dadurch, einen behutsamen Abbau vorausgesetzt, der wachsende Rohstoffbedarf der Erde befriedigt werden kann.

Amethyste aus Australien, Gold aus Südafrika oder Diamanten aus Namibia … dabei ist jedem sofort klar: Hier handelt es sich um wichtige Bodenschätze. Aber Lagerstätten auf Sylt?

Ich erwähnte eingangs den Bernstein, den sowohl die Fischer gelegentlich in ihren Netzen haben, als auch die Strandwanderer nach Sturmfluten im Spülsaum finden können. Dieses zig Millionen Jahre alte fossile Baumharz ist von den skandinavischen Gletschern aus dem Ostseeraum vor mindestens 200.000 Jahren nach Sylt gelangt. Es ist aufgrund seines niedrigen spezifischen Gewichts und seiner geringen Härte ziemlich leicht vom oft ähnlichfarbenen Feuerstein zu unterscheiden. Früher wurde Bernstein als das Gold des Nordens bezeichnet. Aber seien Sie im Umgang damit vorsichtig: Bernstein ist brennbar!

Wo befinden sich weitere Bodenschätze auf der Insel?

Um zu den Anfängen der Lagerstättensuche zu kommen, dürfen wir über 5.000 Jahre in der Menschheitsgeschichte zurückgehen. In vorgeschichtlicher Zeit bevölkerten vermutlich nomadisierende Jägersippen die Sylter Geest, den alteiszeitlichen Höhenrücken. Während der Jungsteinzeit lebten bereits Menschen auf der Sylter Halbinsel. Diese Menschen sammelten die vielen Feuersteine (Flinte), bearbeiteten sie zu Faustkeilen und Werkzeugen, nutzten sie möglicherweise zum Feuermachen und gaben einer ganzen Epoche den Namen nach dem Material ihrer Werkzeuge: (Feuer-)Steinzeit.

Außer ihren Werkzeugen hinterließen sie uns Grabkammern von beachtlicher Größe, die wohl bekannteste ist der Denghoog, auf Deutsch: der Tinghügel, der noch heute auf der Geest von Wenningstedt ruht. Dieses über 5.000 Jahre alte Tunnelgrab konnte nur deshalb gebaut werden, weil die eiszeitlichen Gletscher unter anderem eine große Zahl an tonnenschweren **Findlingen** aus Norwegen und Schweden mitgebracht hatten. Vielleicht war es der damals noch vorherrschende Dauerfrostboden (Permafrost), der es den Menschen nicht ermöglichte, ihre Ahnen in der Erde zu bestatten, möglicherweise liegen auch andere Ursachen vor. Auf jeden Fall suchten die damaligen Menschen ganz selektiv die größten Findlinge als besondere Schätze der Geest heraus und errichteten damit ihre steinzeitlichen Grabkammern. Auch aus der nachfolgenden Zeit, der Bronzezeit, der Eisenzeit und noch in der Wikingerzeit finden sich auf Sylt viele Zeugen von Grabkammern, die aus Findlingen von der Hohen Geest errichtet worden sind. Damit wird deutlich, dass Sylt eine Zeit lang auch von Wikingern bewohnt war. Erst mit der Besiedlung durch die Friesen und der in etwa zeitgleich einsetzenden Christianisierung endete diese heidnische Art der Ahnenbestattung.

Die nächst kleineren **Steine**, im Durchmesser etwa von 30 bis 50 Zentimetern, die

Abb. 12: Steinwall aus Findlingen.

natürlich als Geschiebe skandinavischen Ursprungs ebenfalls etwas Besonderes im Sylter Raum darstellen, darf man durchaus auch als Bodenschätze bezeichnen. Früher haben die Bauern die großen Steine von ihren Äckern abgesammelt, um auf dem kargen, sandigen Boden überhaupt etwas anpflanzen und einen Pflug einsetzen zu können. Noch häufig finden Sie in Norddeutschland alle „Lesesteine" auf einem großen Haufen am Rande des Ackers. Auf Sylt ist man dazu übergegangen, diese Steine auf der West- und auf der Nordwestseite der Häuser aufzuhäufen, als Windschutz und zusätzlich gegen die neugierigen und aufdringlichen Haustiere. Heute kennen Sie die neuzeitliche Weiterentwicklung unter dem Namen Friesenwall, ein sündhaft teurer Klassiker (Abb. 12). Die Steine, die Sie in den Steinwällen vorfinden, stellen geologisch gesehen einen ganz besonderen Schatz auf der Insel dar. Es sind Gesteine aus ganz Skandinavien: Tiefengesteine wie Granite und Diorite, vulkanische Gesteine wie Basalte und Porphyre, natürlich fehlen auch Umwandlungsgesteine (metamorphe Gesteine) wie Gneise und Schiefer nicht. Der Anteil von Steinen aus dem Ostseeraum beschränkt sich auf den Feuerstein oder Flint. Sie haben also die Möglichkeit, sich bei einem Spaziergang entlang der alten Sylter Steinwälle einen Großteil der unterschiedlichsten Gesteinstypen aus Norwegen, Schweden und Südfinnland anzuschauen, die uns die Gletscher vor langer Zeit mitgebracht haben, ohne dass Sie dafür eine Rundreise durch Skandinavien antreten müssen. Da heute fast die gesamte Geest Sylts unter Naturschutz steht oder in Privatbesitz ist, kann man diese Steine nicht einfach wie früher einsammeln, sondern kauft sie in den Baumärkten ein, oder noch besser gleich bei den Kutterfischern in Esbjerg / Dänemark, die sie oft als Beifang in ihren Netzen vorfinden.

Eine Lagerstätte der Insel darf natürlich nicht unerwähnt bleiben, auch nicht, wenn sie so allgegenwärtig ist, dass man sie überall antrifft: der herrliche feinkörnige **Sand**. Er ist und bleibt der Wunschtraum von unzähligen Urlaubsträumen und heißt: Sylt, Sonne, Sand und Strand. Wissenschaftlich gesehen stammt dieser Sand aus dem Baltikum, es ist die sogenannte „Oldesloer Formation". Der Sand ist vor zwei bis drei Millionen Jahren, also vor der Eiszeit, per Flussfracht nach Sylt gelangt. Auch wenn man ihn gut und gerne als Feinsand bezeichnen möchte, hat er doch einen Korndurchmesser von 0,2 bis 0,6 Millimetern und sollte somit als Mittelsand bezeichnet werden. In den hiesigen Baumärkten wird er allerdings als Kies verkauft. Kiesabbau wurde lange Zeit in den Sandgruben von Braderup betrieben. Nichts desto trotz, dieser weiße Sylter Sand ist das Markenzeichen unserer Urlaubs-, Strand- und Ferieninsel und er sieht ja super schön aus. Des Weiteren macht sich unser Sand auch noch ganz gut als ziemlich solider Baugrund fürs Häuschen, als Bausand

Abb. 13: Düne am Morsum Kliff, aufgebaut aus unterschiedlich farbigen Schichten von weißen und braunen Sanden.

aus der Kiesgrube und als Hauptbestandteil bei den alljährlich stattfindenden Sandaufspülungen. Alle bisher aufgezählten Lagerstätten werden traditionell unter der Bezeichnung „Steine und Erden" zusammengefasst.

Schwermineralseifen in den Dünen und am Strand

Eine sehr interessante Lagerstätte wird fälschlicherweise oft als Verunreinigung oder gar als Ölverschmutzung angesehen, nämlich dunkle Sande an Sylter Stränden (Abb. 35). Der Ursprung dieser Sande liegt, wie übrigens auch bei den hellen Quarzsanden, in den Gebirgen Skandinaviens und des Baltikums. Jedes Gestein besteht aus einer unterschiedlich großen Zahl an Mineralen, die wiederum chemisch und auch physikalisch ganz verschiedene Eigenschaften aufweisen, zum Beispiel unterschiedliches spezifisches Gewicht, Härte und Farbe.

Wenn zerbrochenes Gesteinsmaterial über eine größere Strecke von Eis und Wasser transportiert wird, so lösen sich weichere Minerale wie Kalk, Glimmer und Feldspat zuerst auf. Am Ende bleiben nur noch die härtesten Bestandteile des Ausgangsgesteins, also heller Quarz und viele dunkle, oft eisen- und manganhaltige schwere Minerale wie Ilmenit, Apatit, Rutil, Zirkon, Granat, Turmalin oder Titanoxid, seltener auch sehr schwere Elemente wie Silber, Gold, Platin oder Diamant übrig. Diese meist dunklen Körner werden aufgrund ihres hohen spezifischen Gewichtes durch Wind oder Wellen von den leichteren Körnern getrennt und anschließend separat abgelagert. Weil sie oft durch fließendes Wasser aus dem Berg ausgewaschen wurden, haben ihnen die Bergleute den Namen „Seife" gegeben. Somit können Sie auf Sylt einen für die Industrie wichtigen Rohstoff in kleinen Mengen finden, der an verschiedensten Stellen natürliche Vorkommen mit millimeter- bis zentimeterdicken Lagen bildet, nämlich die Sylter Küsten- oder Strandseifen.

Im Mittelalter kannte man in Nordfriesland das „Weiße Gold des Nordens", das **Salz**, nicht von abbaubaren Lagerstätten und auch die Salzgewinnung durch Meerwasserverdunstung konnte in diesen Klimaten nicht angewandt werden. Um diesen zum Pökeln, Einlegen und Konservieren so wichtigen Rohstoff vor Ort zu gewinnen, stach man im Wattenmeer und auf Salzwiesen den mit Meerwasser durchtränkten Torf, aus dessen Asche Salz gewonnen wurde. Damit hätten wir eine zweite Deutung des Namens Sylt, diesmal abgeleitet von einem mineralischen Rohstoff: Im skandinavischen (Dänisch, Norwegisch) heißt sylte auf Deutsch: einwecken, haltbar machen. Also die Insel, wo alles in Salz eingelegt wurde ...

Abb. 15: Morsum Kliff: ockerfarbener Limonitsand vor weißem Kaolinsand, Blickrichtung nach Osten.

Abb. 16: Eisenoxidhaltige Krusten im Quarzsand am Morsum Kliff.

Eine Lagerstätte ganz anderer Art stellt der **Eisen** führende Limonitsandstein dar (Abb. 15). Diesen rostroten, verkrusteten Sandstein finden wir hauptsächlich am Morsum Kliff, nach sehr schweren Sturmfluten auch am Fuße des Roten Kliffs in Kampen. Die Entstehung dieser millimeter- bis zentimeterdicken Krusten wird folgendermaßen gedeutet: Als die Sande während der Eiszeit noch gefroren waren, sind bereits Risse und Spalten aufgeplatzt. Über einen längeren Zeitraum ist Regen- und Sickerwasser hindurchzirkuliert. Dieses Wasser hat aus den umgebenden Sanden all das ausgewaschen, was es herauslösen und mitreißen konnte, unter anderem auch große Mengen an Eisen und Mangan. Hauptsächlich das Eisen, verbunden mit Sauerstoff aus der Luft, hat in den Spalten immer wieder neue Lagen zur Ausfällung gebracht. So sind Limonit, Goethit, Brauneisen und weitere Oxide entstanden und haben nach langer Zeit dicke rostbraune Krusten von Limonitsandstein gebildet. Blauschwarze Klüfte aus Mangandioxid kommen vereinzelt auch vor.

Diese Eisenkrusten von Limonitsandstein sind nachweislich im Mittelalter an Ort und Stelle verhüttet worden (Abb. 16). Normalerweise wurde in Schleswig-Holstein Raseneisenerz abgebaut. Diese eisenhaltige Kruste hat einen Eisengehalt von fünf bis sechs Prozent; um ein ähnliches Armerz hat es sich auch beim Limonitsandstein auf Sylt gehandelt. Vor dem Bau der festen Dammverbindung zum Festland wurde überlegt, die großen Sandmengen des Morsum Kliffs als Baumaterial zu nutzen. Um das zu verhindern, reifte der Entschluss, Kliff und Heide bereits 1923 unter Naturschutz zu stellen. Trotz dieses Schutzes wäre im Jahr 1933 das Kliff beinahe zerstört worden, denn die nationalsozialistische Regierung gedachte aus den eisenhaltigen Sanden Stahl für ihre Rüstung zu gewinnen. So mussten 1940 die schwedischen Eisenerze aus Kiruna, die über Narvik verschifften, eisenreichsten Erze der Welt, die Funktion der nicht ausgebeuteten Sylter Eisenerzvorkommen übernehmen …

Die Schätze unsere Erde werden oft mit fast mystisch klingenden Bezeichnungen belegt:

Salz wurde im Mittelalter oft als das „Weiße Gold" bezeichnet, Bernstein später als das „Gold des Nordens", Kohle oder Erdöl als das „Schwarze Gold". Weil Gold in jüngerer Zeit vielen Menschen zu unversehenem Reichtum verholfen hat, ist sein Name in lokaler Abwandlung auf die Lagerstättentypen übertragen worden, mit denen in kurzer Zeit Wohlstand erlangt werden konnte. Um so verblüffender ist es zu sehen, dass ein Stoff unseres Planeten, der bereits heute weit über zwei Milliarden Menschen nicht mehr in seiner ursprünglichen Qualität und in ausreichender Menge zur Verfügung steht, nämlich das Wasser, von vielen nur abschätzig als „Gänsewein" bezeichnet wird. Immerhin haben wir in Deutschland im Jahre 2011 etwa $3,6 \times 10^9$ Kubikmeter Wasser verbraucht, das entspricht ungefähr 120 Liter Wasser pro Person und Tag.

Wie ist es also um den Rohstoff **Trinkwasser** auf einer Insel wie Sylt bestellt, die selbst eine 111 Kilometer lange Grenze zum Wasser hat, das aber leider wegen des 3,4-prozentigen Salzgehaltes nicht getrunken werden kann?

Die meisten denken sicher, dass man auf Sylt kein genießbares Wasser vorfinden kann, oder dass es durch eine Meerwasser-Entsalzungsanlage gewonnen werden muss. Im Gegensatz zu den Halligen, die früher Regenwasser in den Fethingen, eigens angelegten Wasserauffangbecken, gesammelt haben, hat Sylt einen sehr wichtigen geologischen Vorteil: Es ist nicht nur aus Klei und Marsch aufgebaut, sondern besitzt große Sandflächen, Dünen und die Geest. Vor 200 Jahren hatten alle Sylter Häuser ihren eigenen Brunnen und förderten Trinkwasser für Mensch und Tier. Nachdem das Bad Westerland schnell an Einwohnern und Gästen zunahm, traten akute Probleme aufgrund mangelhafter Hygienebedingungen auf. So entschied sich die Gemeinde Westerland 1897 zur Planung einer zentralen Wasserversorgung und Kanalisationsanlage (Energieversorgung Sylt, 2001). 1901 war es so weit, das Wasserwerk lieferte ein „sehr weiches, reines und nicht brackiges Wasser, das frei von Eisen ist". Zu diesem Zweck sind erst zwei, später bis neun Tiefbrunnen auf einer Wiese im Norden von Westerland gebohrt worden.

Hydrogeologisch betrachtet ist das Sylter Trinkwasser reines Regen- und Sickerwasser. Die Niederschläge fallen auf den Boden, ein Teil fließt oberirdisch ab oder verdunstet und je nach Heftigkeit der Niederschläge und Jahreszeit dringt ein relativ großer Teil in den Boden ein. Bei einer aus reinem Sand bestehenden Düne ist die Menge der Niederschläge, die im Boden versickern, sehr hoch. Dadurch wird verständlich, dass die Gemeinde Hörnum bis 1998 ihr Trinkwasser in einem Dünengebiet sammelte und die Gemeinde List bis Anfang des 21. Jahrhunderts ihre Trinkwasservorräte aus dem großen Wanderdünengebiet bezog. Die meisten Sylter Trinkwasserbrunnen befinden sich heute im zentralen Teil der Sylter Geest, zwischen dem Flughafen im Süden und dem Ort Kampen im Norden (Karte 5). Die Wasserversorgung begann 1901 mit nur zwei Brunnen, die 287 Häuser in Neu-Westerland, dem vor nicht allzu langer Zeit gegründeten Badeort, mit Wasser aus 20 Metern Tiefe versorgten. Heute sind es 17 Brunnen, die jährlich mehr als zwei

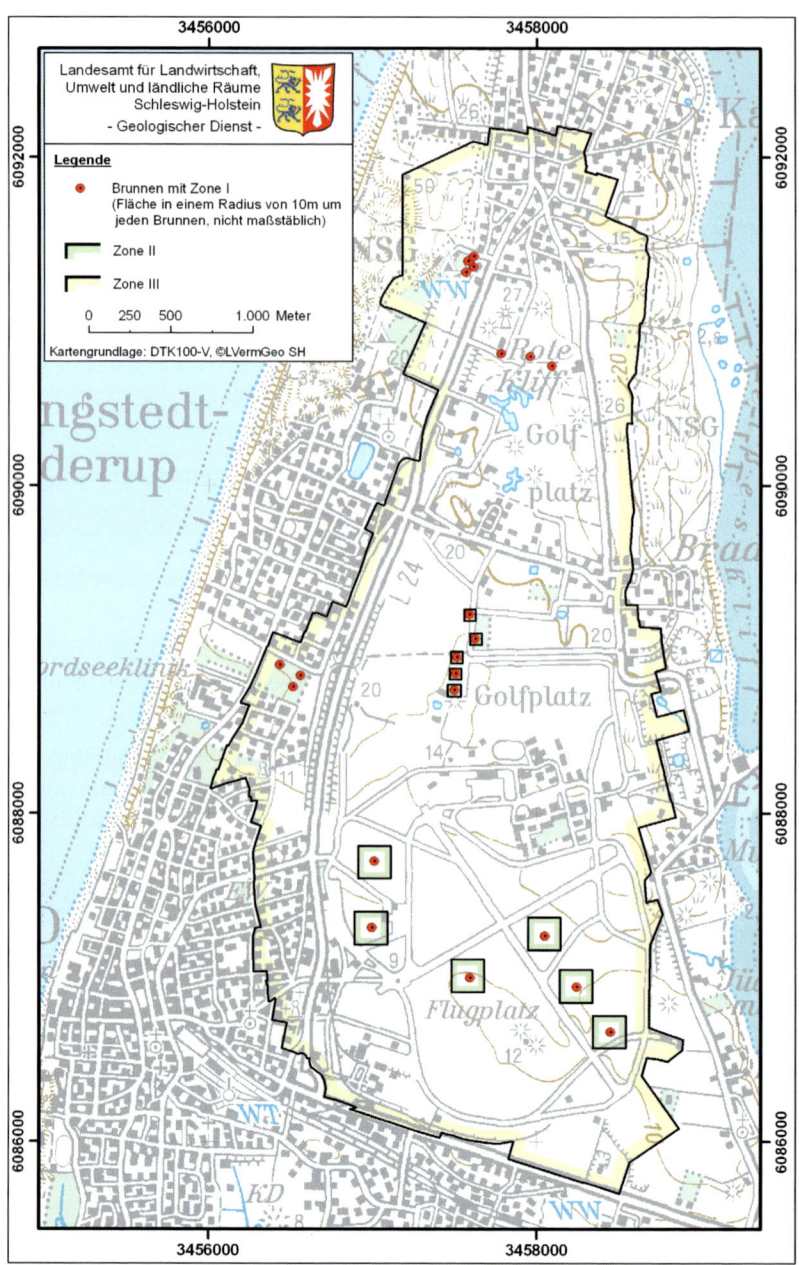

Karte 5: Wasserschutzgebiet mit Brunnenstandorten auf der Geest. Geologischer Landesdienst S-H im LLUR in Flintbek.

Millionen Kubikmeter Wasser fördern und somit zu sommerlichen Spitzenzeiten 16.000 Insulaner und fast 150.000 Gäste mit weichem, kalkarmen Brauchwasser versorgen. In zusätzlichen 74 Beobachtungsbrunnen wird kontinuierlich die Höhe des Grundwasserspiegels überwacht. Der Zusammenschluss von Stadt- und Gaswerken Westerland führte 1985 zur Gründung der Energieversorgung Sylt (EVS). Die EVS versorgt mittlerweile bis auf die „Norddörfer"-Gemeinden Kampen und Wenningstedt-Braderup die gesamte Insel mit Trinkwasser.

Der Hauptgrund, weshalb sich gerade Teetrinker sehr schnell mit dem weichen Sylter Wasser anfreunden können, ist folgender: Die bis 40 Meter tiefen Brunnen haben ihren durch Filter gesicherten Zugang zu wasserführenden Schichten in 20 bis 30 Metern Tiefe. Dort befinden sich die Kaolinsande, alte Flusssande aus dem Baltikum. Darüber liegt eine dicke Schicht von eiszeitlichen Ablagerungen aus der Saale-Eiszeit, der zum Teil wasserundurchlässige Geschiebelehm. Da die letzte Vereisung Sylts über 180.000 Jahre zurückliegt (im Jungmoränengebiet an der Ostsee nur 10.000 Jahre!), sind die vielen kalkhaltigen Gesteine des ursprünglichen Geschiebemergels fast vollständig herausgewaschen und -gelöst worden und der Geschiebemergel hat sich in kalkfreien Geschiebelehm umgewandelt.

Das geförderte Brunnenwasser ist gegen Verunreinigungen von oben recht gut durch mehrere Lehmschichten geschützt. Wasserstauende Tonschichten in größerer Tiefe sorgen andererseits dafür, dass das Grundwasser nicht zu schnell in ein tieferes Grundwasserstockwerk gelangen kann. Die Versickerung des Regenwassers nimmt einige Zeit in Anspruch. Während dieses Prozesses werden die unterschiedlichsten Bodenschichten durchdrungen, die dafür sorgen, dass das Rohwasser gänzlich keimfrei ist. Zur Zeit der Förderung war das Wasser etwa fünf bis acht Jahre im Erdreich unterwegs. Das ist wichtig, denn nur durch die lange Verweildauer haben wir einen Puffer, um kurzfristige Defizite in den Niederschlagsmengen auszugleichen, ohne die eine Versorgung mit sauberem Trinkwasser gefährdet wäre.

Es ist einleuchtend, dass die längerfristige Bereitstellung von Trinkwasser direkt von der Menge der Niederschläge abhängig ist. Die Niederschlagsmenge zu Beginn des 21. Jahrhunderts variiert sehr stark. Sollte es entgegen anderslautenden Prognosen bei gleichbleibenden Niederschlagswerten bleiben, so ist bei steigendem Wasserverbrauch längerfristig mit Auswirkungen auf die Förderung aus den jetzigen Trinkwasserbrunnen zu rechnen. Eine Wasserentnahme aus einem tiefer liegenden Grundwasserstockwerk sollte möglichst vermieden werden, da sonst die Gefahr besteht, dass salzhaltiges Brackwasser mit nach oben gepumpt wird. Die Süßwasser-Brackwassergrenze im Erdreich ist in etwa bekannt, sie befindet sich in einer Tiefe unterhalb von 90 Metern und wird laufend durch Kontrollmessungen überwacht. Zum besonderen Schutz der Trinkwasserbrunnen ist 1999 das Einzugsgebiet der Wassergewinnungsanlagen (Brunnenfelder) zum „Wasserschutzgebiet Inselkern Sylt" erklärt worden (Karte 5). Höchster Schutz gilt dabei in den Zonen 1 und 2, unmittelbar um die Brunnenstuben herum.

VEN: Ver- und Entsorgung Norddörfer

Als Verwaltungseinheiten gibt es die eigenständigen Gemeinden Kampen und Wenningstedt-Braderup erst seit 1927. Vorher sprach man auf Sylt von den Norddörfern, zu denen das bis 1864 dänische List nicht gezählt wurde.

So hat sich in den Norddörfern aus den Anfängen eines militärisch genutzten Wasserwerkes kurz vor dem Zweiten Weltkrieg ein Wasserzweckverband gebildet. 1953 wurde das von der Luftwaffe im Jahre 1941 erbaute Wasserwerk übernommen und 1954 in einen Wasserbeschaffungsverband überführt. Dieser Verband firmierte seit 1983 unter dem Amt Landschaft Sylt als Eigenbetrieb. Im August 2004 gründete sich eine GmbH, die seit 2006 auch für die Entsorgung des Schmutzwassers in den eigenen Kläranlagen zuständig ist.

Genau wie bei der EVS wird auch in den Norddörfern ein tadelloses Trinkwasser gefördert, das aufgrund von fehlendem Mangan und Eisen keiner weiteren Reinigung bedarf und für das nur noch der pH-Wert leicht angeglichen werden muss. Dieser Prozess wird als Aufhärtung bezeichnet. Die jährliche Förderung von ca. 600.000 Kubikmetern Trinkwasser erfolgt aus sieben Förderbrunnen, in denen das Rohwasser aus 30 bis 35 Metern unter Gelände hochgepumpt wird. Diese Brunnen liegen im nördlichen Teil des „Wasserschutzgebietes Inselkern Sylt", etwa zwischen dem Kampener Leuchtturm und dem Kampener Campingplatz (Karte 5).

Die Insel Sylt liegt, wie eingangs erwähnt, in einem Ablagerungsbecken, der Norddeutschen Tiefebene. In Zahlen ausgedrückt, bedeutet das, etwa 4.000 Meter an lockeren Sedimenten (unterschiedlich stark verfestigten Ablagerungen) liegen zwischen dem Grundgebirge, das aus Graniten und Gneisen aufgebaut ist, und Sylt. Da es zur Zeit der Ablagerung der Sedimente Leben in Form von Tieren und Pflanzen gab, sind auch diese nach ihrem Absterben in die Ablagerungen eingebettet worden. Aus den luftdicht abgeschlossenen Pflanzenresten bildet sich zuerst Torf und mit fortschreitender Inkohlung – also Druck- und Temperaturerhöhung – später Braunkohle, dann Steinkohle und zum Schluss Anthrazit. Bei extrem hohem Druck kann der Kohlenstoff sein Kristallgitter umändern – es entsteht Diamant.

Aus den Resten von abgestorbenen Tieren entsteht im Laufe von Jahrmillionen **Erdöl** und **Erdgas**. Die Gesteinsschichten, in denen sich vor Millionen von Jahren Erdöl bildete, nennt man Muttergestein. Da das so gebildete Erdöl spezifisch leichter ist als das Umgebungsgestein, steigt es nach seiner Bildung, wenn Porenraum vorhanden ist, in das sogenannte Speichergestein auf. Gelangt das Erdgas bis an die Erdoberfläche, so entweicht es und ist verloren. Gelangt allerdings das Erdöl an die Erdoberfläche, so wird es – sofern man es, wie schon vor längerer Zeit etwa in Oulu (Finnland), Wietze (Niedersachsen) oder Los Angeles (USA), entdeckt – als Bitumen, Teer oder Öl abgeschöpft und gewonnen.

Aufgrund von umfangreichen geophysikalischen Untersuchungen war bereits in den 1960er Jahren bekannt, dass sich im Untergrund Norddeutschlands und der Nordsee eine große Zahl an Salzstöcken und mächtige Lagen an klüftigem Gestein befinden, die potenziell als Erdölfalle oder als Erdölspeichergestein in Frage kämen. Die Firmen RWE DEA AG und Wintershall Holding GmbH entschlossen sich deshalb 1965, eine Explorations- oder Erkundungsbohrung nach Erdöl und Erdgas in die Sedimentschichten des noch zu Deutschland gehörenden Kontinentalschelfs westlich von Sylt abzuteufen.

Diese Tiefbohrung wurde im September 1965 begonnen und im Februar 1966 zum Abschluss gebracht. Sie erhielt den Namen „Westerland 1"; die Bohrtiefen und die an den Schichtgrenzen gemessenen Temperaturen sind in Tabelle 1 zusammengestellt. Als interessantes Ergebnis kam dabei heraus, dass unter dicken Schichten von Kreide, Trias und den Salzen des Zechsteinmeeres erst in einer Tiefe von 3.945 Metern das mehr als 600 Millionen Jahre alte präkambrische Grundgebirge, also das kristalline Urgestein, erbohrt wurde. Die Geologen nennen diesen Teil des norddeutschen Untergrundes den Westschleswig-Block. Aufgrund der relativ ungestörten Lagerung seiner Sedimente fanden sich bisher keine abbauwürdigen Mengen an Kohlenwasserstoffen. Dafür garantieren uns fast 4.000 Meter an weicheren Sedimentschichten, dass wir keinen direkten Kontakt zur tiefen kristallinen Kruste haben und Erdbewegungen, also Verschiebungen innerhalb der Erdkruste, nicht in Form von Erdbeben bis zu uns an die Oberfläche durchdringen können, sondern bereits vorher im Untergrund abgepuffert werden.

4. Energie für die Zukunft: Erdwärme

Wie Sie bereits sehen konnten, bietet die Insel Sylt vielfältige interessante geologische Befunde, Gesteinsformationen und Lagerstätten. Selbst eine superschnelle Dynamik in der Entwicklungsgeschichte haben wir vorgefunden: Meeressedimente, trocken fallenden Ozeanboden, Flussdelta, Eiszeiten mit arktischen Klimaten, abgelöst durch Warmzeiten mit Wüstenklima. Und heute? Wir leben momentan in einem gemäßigten, nacheiszeitlichen Klima mit – vermutlich – rasanter Erwärmung und möglicherweise haben wir in wenigen Jahrhunderten bei fortlaufendem Meeresspiegelanstieg mit gleichzeitiger Versteppung zu rechnen. Soweit der Zeitraffer der letzten zehn Millionen Jahre.

Sie erkennen daran: Einmal abgesehen von Vulkanausbrüchen, Tsunamis und Faltengebirgen hatte Sylt wirklich fast alles zu bieten. Bis jetzt habe ich es vermieden, etwas zur Zeitachse in der Geologie zu sagen. Warum? Nun ja, weil ich sie, als heute lebender Mensch, auch nicht exakt kenne und schon gar nicht aus eigener Anschauung nachvollziehen kann. Was kann man sich als Individuum mit einer Lebensdauer von einigen Jahrzehnten auch unter 10.000.000 Jahren vorstellen, wo doch die meisten von uns sich selbst ihre nähere Umgebung, so wie sie vor 20 oder 30 Jahren aussah, kaum noch vorstellen können.

Umso erfreulicher ist da, dass wir auf der Erde, also auch auf Sylt, auf eine irdische Ressource zurückgreifen können, die im Rahmen unserer Betrachtung praktisch zeitlos ist, weil sie im Gegensatz zu den meisten anderen geologischen Erscheinungen über zig Millionen Jahre hinweg kaum Veränderungen unterlag: die Wärme aus der Erde.

Wenn ich das Kapitel mit der Überschrift „Energie der Zukunft" betitelt habe, dann deswegen, weil uns Menschen potenziell nur ein einziger Energieträger in ständiger und im Prinzip unbegrenzter Menge zur Verfügung steht: die Energieabstrahlung aus dem Inneren unserer Erde. Nehmen wir die Kohle, das Erdöl, das Erdgas oder das Uran: alles Rohstoffe, die wir gewinnen müssen und deren Vorräte – natürlich! – innerhalb der Erdkruste liegend, begrenzt sind und die uns irgendwann einmal ausgehen müssen. Wie sieht es dann bei den erneuerbaren Energien wie Wasserkraft, Wind und Sonnenenergie aus? Wasserfälle können versiegen (so gerade geschehen in Norwegen Anfang des 21. Jahrhunderts!), der Wind ist ständigen Schwankungen unterworfen und die Sonne spendet für eine direkte Nutzung vor Ort ja natürlich nur Wärme und Energie, wenn ihre Einstrahlung nicht durch Wolken oder Smog daran gehindert wird und wenn sie über dem Horizont steht. Das einzige, was uns als Energieträger für 24 Stunden pro Tag und 365 Tage im Jahr dauerhaft übrig bleibt, ist die Wärme aus der Erde. Deshalb bezeichnet man die Erdwärme auch als Grundlast Energie.

Sylt und Erdwärme?

Gerade Sylt! Sie denken wahrscheinlich, wenn es um „Heißes" aus dem Erdinnern geht, zuerst an Island, Hawaii, den Yellowstone Nationalpark oder den Ostafrikanischen Graben, vielleicht innerhalb Deutschlands auch an vulkanisch interessantere Zonen wie die Vulkaneifel oder den Oberrheintalgraben. Aber Sylt?

Selbstverständlich ist auch unter Sylt Erdwärme vorhanden. Das Prinzip ist leicht nachvollziehbar: An jedem Punkt der Erde nimmt die Temperatur von der Erdoberfläche nach unten um etwa 3 °C pro 100 Meter zu. Das heißt, in 1.000 Meter Tiefe ist es etwa 40 °C warm. Ab einer Tiefe von etwa zwei Metern sind jahreszeitliche Einflüsse kaum mehr nachweisbar, dort hat der Boden in Mitteleuropa eine konstante Temperatur von 9 bis 12 °C. Werden zu diesen 10 °C weitere 30 °C für die verbleibenden 998 Meter gezählt, so kommen Sie auf ca. 40 °C. Die einzige Ausnahme von dieser Rechnung bilden natürlich Dauerfrostböden (Permafrost) in den arktischen Regionen, die in Europa aber erst von der Kola-Halbinsel an in Richtung Osten vorkommen. In Ostsibirien kann sich der Permafrostboden bis in 700 Meter Tiefe erstrecken.

Diese riesige Energie aus dem Inneren der Erde steht theoretisch überall auf dem Globus zur Verfügung, ständig und gleichmäßig. Unablässig steigen 40 Terawatt Wärme zur Erdoberfläche auf und werden in den Weltraum abgestrahlt. Sie sehen also, Energie ist – rein rechnerisch betrachtet – zur Genüge vorhanden. Jetzt muss diese Energie nur noch dahin transportiert werden, wo sie gebraucht wird. In dieser Hinsicht hat das Norddeutsche Becken neben dem süddeutschen Molassebecken (Region zwischen Donau und Alpen) und dem Oberrheingraben absolute Vorteile gegenüber anderen Provinzen in Deutschland: In dem weitgehend aus Sedimenten aufgebauten Untergrund befindet sich eine ausreichende Zahl an wasserführenden Schichten. Die eleganteste Möglichkeit auf Sylt die Erdwärme zu nutzen wäre also, diese wasserführenden Schichten (Aquifere) mit Niedrigtemperaturwasser (20 bis 40 °C) anzubohren.

Eine erste Hydrothermalbohrung ist 1993 in der Höhe des Strandabschnitts Samoa zwischen Rantum und Hörnum niedergebracht worden und hat zur Förderung einer Thermalsole mit salzhaltigem, über 20 °C warmem Wasser geführt.

4.1 Die Sylt-Quelle: eine warme Sole

Das geothermische Potenzial einer umweltfreundlichen Wärmeversorgung durch Warmwasser aus der Erde stand gar nicht im Vordergrund, als ein Hamburger Ingenieur, Günther Spranger, eine Bohrfirma damit beauftragte, südlich der Ortschaft Rantum eine Thermalwasserbohrung abzuteufen.

Er machte sich dabei die Erkenntnis zunutze, dass der Untergrund der Insel Sylt hauptsächlich aus Sanden und Tonen aufgebaut ist, dass die Kreideformation unterhalb dieser tertiären Sande in etwa 600 bis 700 Metern ansteht und dass Temperatur sowie Salzgehalt mit der Tiefe zunehmen. Der größte Unsicherheitsfaktor bei solch einer Bohrung bleibt natürlich die genaue Temperaturzunahme mit der Tiefe und die Höffigkeit an verfügbarem Wasser an der Sohle der Bohrung. In 644 Metern Tiefe wurde die Oberkreide (Schreibkreide) erbohrt und das aus dieser Tiefe geförderte Wasser erfüllte bereits alle Voraussetzungen, um nach dem deutschen Mineral- und Heilwassergesetz als Thermalsole bezeichnet zu werden. Es ist wärmer als 20 °C und weit über 80 Prozent der Salinität liegen als Kochsalz (NaCl) vor. An der hohen Konzentration von Fluorid und Iodid kann man auch heute noch ablesen, dass auch die untersten tertiären Schichten während ihrer Ablagerung in direktem Kontakt zum Ozean standen und somit immer noch Spuren dieser Ur-Nordsee enthalten. Im geologischen Profil (Tab. 3) sind neben der Bohrtiefe die erbohrten Schichten, die dazugehörigen Erdzeiten und das über den Zerfall von radioaktiven Isotopen bestimmte Alter dieser Schichten vermerkt. Fast alle auch im Inselkern vorkommenden Schichten sind in der Nähe des Strandabschnitts „Samoa" erbohrt worden, mit einer Ausnahme: Der eiszeitliche Geschiebelehm wurde nicht angetroffen. Der Grund dafür ist, dass diese Formation aus eiszeitlichem Sand und Geröll (Hohe Geest) hier, südlich von Rantum, morphologisch gesehen tiefer abgelagert wurde und später in der Nacheiszeit, bedingt durch den über 100 Meter betragenden Meeresspiegelanstieg, schon vor Jahrtausenden entweder durch fließendes Wasser weggespült wurde oder aufgrund von Meeresüberflutung fortgeschwemmt und durch die Strömung an anderer Stelle zur Ablagerung gebracht wurde.

Die Sylt-Quelle-Vertriebsgesellschaft unter der Geschäftsführung von Indra Wussow fördert nicht nur das bereits erwähnte Thermalwasser, sondern auch normales Mineralwasser mit unterschiedlichen Gehalten an Kohlensäure, das als „Sylt-Quelle" in den Handel gelangt.

Kurze Beschreibung einer Darstellung des Bohrprofils der Sylt-Quelle im Quellenhaus der Wasserabfüllanlage in Rantum Nord finden Sie auf Seite 68.

5. Die schönsten geologischen Wanderungen auf Sylt

Die Insel bietet aus geologischer Sicht eine große Zahl an Wanderungen an, auf denen Sie sich persönlich mit alten Gesteinsschichten, aber genauso gut mit den jüngsten Veränderungen, die Sturm und Gezeiten verursacht haben, vertraut machen können. Besonders in der Fachwelt genießt Sylt ein hohes Ansehen, so dass Studenten der Erdwissenschaften oft mehr als die Hälfte ihrer Exkursionstage in Schleswig-Holstein mit dem Besuch und der Erforschung der Insel Sylt verbringen: Sie untersuchen die Hohe Geest, die Nehrungshaken, die Marsch, die vielen Kliffs, die durch das Anbranden des Meeres entstanden sind und natürlich die faszinierende Schwemmlandschaft der bei Ebbe trockenfallenden Watten mit ihrem enormen Reichtum an fossilem und lebendigem Leben (Karte 4).

In direktem Zusammenhang mit der Sedimentdynamik an einer sandigen Küste ist die Entwicklung der Nehrungshaken, des Ellenbogens und des Wattenmeeres zu sehen. Die menschlichen Eingriffe, die in den letzten 150 Jahren, besonders nach 1869 erfolgt sind, stellen nach dem Deichbau die gravierendsten Veränderungen am Weststrand und im Watt dar. Küstenschutzmaßnahmen wie Buhnenbau und Sandaufspülung nehmen heutzutage angesichts der klimatischen Veränderungen einen immer größer werdenden Stellenwert ein.

Ganz besondere Rosinen in diesem ohnehin schon faszinierenden Kuchen Sylt sind die größten Wanderdünen an der gesamten deutschen Nordseeküste im Listland; der nicht nur für Geologen beeindruckendste Rundblick über die Insel vom höchsten natürlichen Punkt Sylts, der im Südwesten von Kampen gelegenen Uwe Düne; das Bunte Kliff in Morsum, an dem Sie sich die Erdgeschichte Sylts erklären lassen können und natürlich die einmaligen Fossilfunde, die Sie beim Spaziergang über die Heide oder am Strand machen können, um dann zur

Das im Rantumer Quellenhaus dargestellte Profil der 657 m tiefen Bohrung für die Sylter Thermalsole zeigt uns die Ablagerungen längst vergangener Meere von der **Kreidezeit** bis zum **Quartär**. Im oberen Teil dieses Säulenprofils erkennt man die weißlichen **Kaolinsande** sowie **nacheiszeitlichen Meeresboden** und die **Dünensande** des südlichen **Nehrungshakens**.

In der 7,5m hohen Plexiglassäule können Sie den Aufbau der Erdkruste unterhalb der Insel Sylt ausführlich studieren. Der Maßstab beträgt ungefähr 1:100. Das Inventar an Sanden und Tonen ist sehr vielfältig und spiegelt die Ablagerungen aus mehr als 65 Millionen Jahren wider:

-ganz feines Material: **Tone** und **Feinstsande (Silte)** aus der Tiefsee, einer Art Ur-Nordsee aus vergangenen Tagen. **Tufflagen**, die auf bedeutende Vulkantätigkeit vor etwa 50 Millionen Jahren hindeuten.
Darin enthalten sind eisenhaltige Zwischenlagen und ein großer Reichtum an Glimmer, was dem Fachmann anzeigt, daß hier durch den Einfluß von Sonne, Regen und Frost ein altes Grundgebirge verwittert ist, durch Flüsse hierher transportiert und anschließend am Meeresboden abgelagert wurde. Faulgase wie H_2S deuten auf eine Zersetzung von organischen Verbindungen hin und Fossilbruchstücke belegen die große Artenvielfalt an Pflanzen und Tieren zu dieser Zeit.

-feines Material wie **Feinsand** und **Mittelsand**, was auf einen niedrigeren Wasserspiegel und somit auf eine größere Küstennähe hinweist.

-die Ablagerungen der Kreide-Formation belegen, daß vor über 60 Millionen Jahren eine riesige Zahl von kalkschaligen Meerestieren ausstarben, das Meerwasser aufgrund von einer Klima-Erwärmung zum Teil austrocknete und somit **Kreide** und **Feuerstein-Lagen** von sehr großer Mächtigkeit entstanden wie etwa auf Rügen, Bornholm, Dover, der Insel Mön u. s. w.

Zu einer Zeit, als die **Dinosaurier** noch unsere Erde bevölkerten, wurden die Kreide-Schichten gebildet, aus derem oberen Bereich die mineralhaltige Sole der Sylt-Quelle gefördert wird. Mit über 20 °C sprudelt das Thermalwasser als **arthesische Quelle**, also mit leichtem Überdruck, zu Tage.

Die wasserführenden Schichten, die man auch als Mutter- oder Speichergestein bezeichnet, sind die Kalke und Kreidegesteine, die 644m unterhalb der Rantumer Dünen beginnen. In diesem Teil der Tiefbohrung ist ein Filter eingebaut, durch den die hauptsächlich Natrium-, Kalzium- und Magnesium-haltigen Tiefenwässer aufgefangen werden. Die **Dan-Kalke** und die **Schreibkreide** sind vor über 60 Millionen Jahren zur Ablagerung gekommen. Sie haben einen großen Porenraum und sind gut durchlässig für Wasser, sodaß hier Millionen Liter von gutem Heilwasser Platz finden und beim Hochpumpen praktisch beliebig lange aus den seitlich angrenzenden Formationen nachströmen können. Für eine gute Abschirmung dieser Wässer nach oben ist gesorgt, da sich in den letzten 50 Millionen Jahren – in einer Zeit, als das Klima langsam kälter wurde – genügend Tone und Feinstsande über der Kreide und den Kalken angesammelt haben:
über 500 m praktisch wasserundurchlässige Tone und Mergel sind die Garantie dafür, daß alle nur denkbaren Umwelteinflüsse der Neuzeit bereits in den oberen Metern zurückgehalten werden. Die durch ein unabhängiges Labor durchgeführten Untersuchungen bescheinigen dem Sylter Heilwasser, daß es sich als „**iod- und fluoridhaltige Thermalsole**" bezeichnen darf.

Belohnung vielleicht ein kleines Stück Bernstein oder einen verkieselten und versteinerten Seeigel aus der Kreidezeit mit nach Hause nehmen zu können.

So wie die Wanderungen in diesem Buch beschrieben sind, können Sie natürlich gleich auf eigene Faust loswandern. Wer allerdings noch das eine oder andere zusätzlich erfahren möchte, dem sei geraten, an einer der vielen geführten Wanderungen teilzunehmen. Schauen Sie dafür entweder auf die Ankündigungen der Tourismusagenturen (früher Kurverwaltungen), informieren Sie sich im Internet oder über das Veranstaltungsprogramm TV Sylt für die ganze Insel, das meist vierzehntägig erscheint.

Sylt liegt eingebettet in den 1985 gegründeten Nationalpark Schleswig-Holsteinisches Wattenmeer, mit 4.400 Quadratkilometern größter Nationalpark Europas. Fast die Hälfte der Insel steht bereits unter Naturschutz. Schützen und bewahren Sie die Natur, denken Sie an Notizblock und Kamera und hinterlassen Sie bitte nur Fußspuren. Ein Taschenmesser, eine Lupe und ein Fläschchen verdünnte Salzsäure brauchen Sie nicht unbedingt, es kann manchmal aber auch nicht schaden. Also tun wir es den interessierten Studiosi gleich und wandern los!

5.1 Das Morsum Kliff, Juwel im Osten Sylts

Diese Wanderung ist geologisch gesehen die Krönung jedes Sylt-Aufenthaltes. Wo sonst gibt es so viele Informationen über zehn Millionen Jahre Erdgeschichte? Wo sonst finden Sie mit Glück über 400 Millionen Jahre alte Fossilien aus dem Erdmittelalter? Wo sonst präsentiert sich die Geologie in einer solchen Farbenpracht? An keinem anderen Ort der Insel wird Ihnen auf so kleinem Raum eine derartige Fülle an Erdgeschichte geboten wie hier! Das alles bei einer herrlichen Sicht bis Hörnum im Süden, List im Norden, auf die Nachbarinseln Föhr und Amrum sowie das dänische (links) und deutsche (rechts) Festland „hinter" (östlich) dem Hindenburgdamm.

Das Morsum Kliff ist in Konsequenz auf seine einmaligen Formationen von der Akademie der Geowissenschaften in Hannover im Jahr 2006 mit dem Prädikat „Nationales Geotop" (national geosite) ausgezeichnet worden und in die Liste der 77 bedeutendsten Geotope Deutschlands aufgenommen worden (Look / Quade, 2007).

Sollten Sie das Glück haben, einmal abends auf der über 20 Meter Hohen Geest am Parkplatz Nösse stehen zu können, so haben Sie die Chance, gleich drei Leuchttürme zu sehen: im Süden den Hörnumer (rechts) und den Amrumer (links), im Norden den Kampener Leuchtturm, der per Luftlinie etwa 10 Kilometer entfernt ist.

Wer einen exklusiven Besuch liebt, kann es im Sommer so einrichten, dass er schon morgens, gegen fünf Uhr am Kliff ist. Zur Belohnung bietet sich dem Frühaufsteher die wohl intensivste rote Färbung, die man am Limonitsandstein überhaupt erleben kann. Ganz gleich, wie Sie es auch immer mögen, erwandern Sie sich die herrlichen Farben des Bunten Kliffs bei einem gemütlichen Rundgang. Anschließend haben Sie noch die Möglichkeit, nach getaner Arbeit innerhalb des ältesten Naturschutzgebietes auf der Insel Station zu machen: im Restaurant des Hotels Morsum Kliff, ehemals Landhaus Nösse.

Geologische Wanderung Morsum Kliff

Die Wanderung beginnt am Parkplatz Nösse, sie führt oberhalb des Kliffs bis zu den östlichen Salzwiesen und geht am Watt entlang zurück zum Parkplatz.

Das Morsum Kliff stellt den wichtigsten Tertiär-Aufschluss in Schleswig-Holstein dar. Die hier wie in einem geologischen Fenster sichtbaren Schichten des oberen Tertiärs dokumentieren in ihrer Abfolge vom Älteren zum Jüngeren den Übergang vom wärmeren Tertiärklima zum beginnenden Eiszeitalter, der mit dem Rückzug des Meeres verbunden war.

Wir gehen vom Parkplatz nach Osten in das Naturschutzgebiet hinein, biegen 100 Meter hinter dem Hotel links ab, und erreichen nach weiteren 200 Metern eine Aussichtsplattform oberhalb des Kliffs. Von hier genießen wir den freien Blick auf den Nationalpark Schleswig-Holsteinisches Wattenmeer, die Wattflächen, die Buhnen, den amphibischen Übergangsbereich zum Strand und die drei Hauptformationen des Morsum Kliffs: den schwarzen Glimmerton, den rostroten Limonitsand und Limonitsandstein sowie den fast weißen Kaolinsand (Abb. 15). Aufgrund der verschiedenen Farben der Gesteinsschichten wird das Morsum Kliff auch als „Buntes Kliff" bezeichnet.

Der weitere Weg in Richtung Damm führt über Heideflächen und später über die mit Windkantern übersäte Steinsohle der vorletzten Eiszeit in Norddeutschland, der Saale-Eiszeit. Sie sehen Geschiebe und Findlinge, kleine durch Wind aufgewehte Dünen mit unterschiedlich farbigen Sanden (Abb. 13) und Sie finden Windausblasungen meist dort, wo die Vegetation fehlt. Wir halten uns weiter auf dem Kliffweg und beobachten, wie der Morsumer Geestkern vor uns, in Richtung Hindenburgdamm, abtaucht. Wenn Sie unten bei den Salzwiesen und dem üppig wachsenden Reet angekommen sind, biegen Sie links ab zum Wattenmeer. An dem lagigen Aufbau des Wattbodens erkennt man sofort den Unterschied zur Geest. Der fruchtbare, fette Marschboden ist zum größten Teil aus den Ablagerungen aufgebaut, die aus der Geest bei Sturmflut ausgespült wurden. Das Watt, also der uneingedeichte Marschboden, ist über 40 Meter mächtig. Es ist während der letzten 4.000 Jahre durch Aufschlickung entstanden und besteht nicht nur aus Sand und Ton, sondern hat auch Lagen von Kies und Steinen, die Sie sehr schön an der Abbruchkante der Salzwiesen erkennen können (Abb. 14).

Abb. 14: Salzwiese im Profil. Die Steinlagen sind bei schweren Sturmfluten entstanden.

Der Rückweg erfolgt oberhalb des Flutsaums am Watt entlang Richtung Westen. An der Geest angekommen, erkennen Sie eindrucksvoll die Unterschiede der einzelnen Schichten in ihrer Farbe, Korngröße und Härte: Der Glimmerton ist sehr weich und damit fließfähig. Der Limonitsandstein tritt als Härtling hervor und der Kaolinsand bildet große, sanft geneigte Flächen aus (Abb. 20). Alle drei Schichten sind während der Eiszeit durch einen von Nordost nach Südwest vordringenden Gletscher in gefrorenem Zustand in vier Einzelschollen zerbrochen, anschließend schräg gestellt und nebeneinander hochgeschuppt worden. Dabei wiederholen sich die einzelnen Schichten von Ost nach West viermal (siehe Tab. 6). Wir sprechen von Glazialtektonik mit Stauchendmoräne. Nach dem Anstieg des Meeres und der damit einhergehenden Kliffbildung ist so ein geologisches Fenster entstanden, das uns den Blick auf ältere Schichten ermöglicht, die man sonst nur mit Hilfe von Kernbohrungen zu sehen bekommt. Das Morsum Kliff ist übrigens der einzige Aufschluss Deutschlands, bei dem die stratigraphische Grenze zwischen den Schichten des Miozäns (Glimmerton) und des Pliozäns (Limonitsandstein) an der Oberfläche zutage tritt.

Wir wandern an Sand- und Schlickwatt vorbei, treffen auf eine Süßwasser-Schichtquelle im Glimmerton und weiter westlich auf eine ockerfarbene, sehr harte Überschiebungsbahn aus limonitisiertem Kaolinsand, unmittelbar an der Grenze zwischen Ton und Sand. Wenn Sie Ihren Spaziergang auf dem Wattwanderweg Richtung Keitum fortsetzen würden, so kämen Sie noch an einer weiteren Überschiebungsbahn vorbei, dem sogenannten „Walfischrücken". Nachdem wir etwa einen Kilometer am Watt entlang gegangen sind, ersteigen wir über festen Kaolinsand durch ein „Klein Afrika" genanntes Dünental die Morsumer Heide. Oben angekommen halten wir uns nach links und sehen den Parkplatz am Ende des Weges vor uns.

Wanderung: Rundwanderung durch das Naturschutzgebiet „Morsum Kliff";

Schwierigkeit: leicht, 3,5 Kilometer; zwei Stunden; 20 Meter Höhenunterschied; nach starken Regenfällen oftmals rutschig.

Betreuender Verein: Naturschutzgemeinschaft Sylt e. V. in Wenningstedt-Braderup.

Führungen: naturkundliche und geologische Führungen. Örtliche Ankündigung.

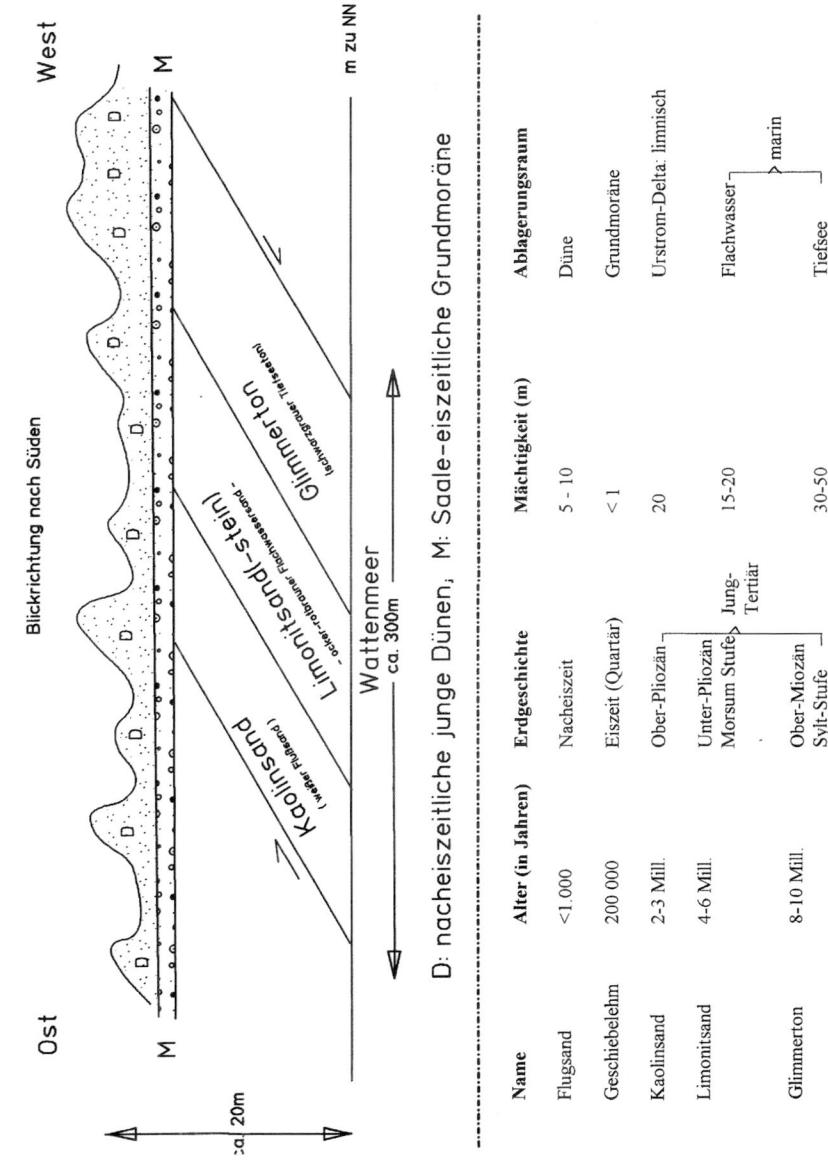

Tab. 6: Morsum Kliff: vereinfachtes geologisches Profil.

Geologie: Tertiäre Sande und Tone, Eiszeiten; Eistektonik; Stauchendmoräne; Dünen; Watt.

Anreise: mit Auto oder Zweirad: bis Parkplatz Nösse; mit Bahn oder Bus: bis Bahnhof Morsum, dann ca. 1,5 Kilometer zu Fuß; Koordinaten: N 54° 52´ 22´´ E 08° 27´ 29´´.

Einkehrmöglichkeit: Hotel und Restaurant „Morsum Kliff".

5.2 Kampen: ein Dorf mit Geest, Nehrungshaken und Watt

Dieses schöne, über 450 Jahre alte Dorf Kampen, Partnergemeinde von Lech / Zürs am Arlberg, ist der höchstgelegene Ort auf Sylt. Bis auf 28 Meter über Nordsee und Watt ragt die Geest bei den Hügelgräbern neben dem ältesten Leuchtturm der Insel auf. Die Uwe Düne legt noch einmal 24 Meter oben drauf, und so steht der Sylt-Liebhaber auf der Aussichtsplattform dieser Düne beachtliche 52 Meter über der Nordsee und kann bei sehr guter Sicht den 280 Meter hohen Schornstein des Kraftwerkes von Esbjerg in Dänemark sehen, der von Kampen über 50 Kilometer entfernt ist (Abb. 19). Im Jahre 2006 feierte der Kampener Leuchtturm seinen 150. Geburtstag. Auf Ihren Wanderungen werden Sie noch erfahren, dass der Ort Kampen seinen Namen zu Recht trägt. Auf friesisch heißt er Kaamp, auf plattdeutsch Kamp, also offenes Feld und das bedeutet auch nichts anderes als das plattdeutsche Wort „Geest".

Kein anderer Ort der Insel besitzt Zugang zu allen drei klassischen geologischen Formationen. Kein zweiter Ort auf der Insel zeigt die Diskrepanz zwischen friesischer und touristischer Wohnkultur so ausgeprägt wie der Ferienort Kampen. Am deutlichsten erkennt man es aus der Vogelperspektive von der Uwe Düne. Der alte Ortskern mit den wenigen noch erhaltenen alten Häusern ruht etwa 20 Meter über dem Meer und auf der Wattseite, also in gebührendem Abstand zur sturmumtosten Nordsee. Dabei wird die Bausatzung von 1913 fast von jedem eingehalten: Maximal eineinhalbgeschossig, nur mit rotem Backstein und immer unter Reet wird hier noch gebaut. Westlich der Bahntrasse der 1970 stillgelegten Inselbahn (jetzt Fuß- und Radweg) liegen große Appartementhäuser und Hotels, leider oft ein wenig zu hoch und nur selten unter Reet gedeckt, die sich entlang der Kurhausstraße, einmal quer durch die große Heidefläche bis fast an die Steilküste des Roten Kliffs, erstrecken.

Das älteste Gebäude im Westen von Kampen ist das 1923 erbaute Haus Kliffende. Aufgrund seiner exponierten Lage ist es sehr gefährdet und konnte bis heute nur mit Hilfe einer großen Menge an seewärts vorgelagerten Sandsäcken (Geotextilien) vor dem Absturz bewahrt werden (Abb. 17).

Die mittlerweile dritte „Sturmhaube", ein schönes Restaurant auf dem Roten Kliff, stammt aus dem Jahr 1968 und blickt auch schon ängstlich in Richtung ihrer beiden nicht mehr existenten Vorgängerinnen, die – bedingt durch immer neue Kliffabbrüche – aufgegeben werden mussten. Zum Schutz seines Kliffs hat der Kampener Strand zwischen 2000 und 2012 über zwei Millionen Kubikmeter zusätzlichen Sand auf einer Küstenlänge von weniger als drei Kilometern bekommen! Kurz zuvor hatte das Kliff vor Kampen im Orkanwinter 1999 / 2000 (Orkane Anatol und Kerstin) mit zehn Metern Kliffabbruch den größten Verlust an Substanz seit 1981 hinnehmen müssen. Sie sehen, Kampen ist sehr schön, erhält fast jedes Jahr sehr viel neuen Sand aus der Nordsee und ist trotzdem auf seiner Westseite extrem gefährdet.

Der Klassiker der Kampen-Wanderungen ist natürlich eine Rundwanderung, beginnend und auch endend am Kaamphüs, dem Kurhaus im Ortszentrum mit Bushaltestelle.

Kampen, das Dorf zwischen Wellen und Watt, oder: „from coast to coast"

Die etwa zweistündige Wanderung beginnt am Kaamphüs (Haus Kampen). Wir gehen durch den Strönwai (ebenfalls syltfriesisch für: Strandweg), kreuzen die alte Inselbahntrasse und besteigen die 52 Meter hohe Uwe Düne. Aus dieser Perspektive liegen Ihnen alle drei geologischen Einheiten der Insel Sylt zu Füßen: Unterhalb der über 20 Meter hohen Dünen und den Heideflächen liegt der größte Geestkern der Insel mit über 200.000 Jahren alten eiszeitlichen Ablagerungen: die Geschiebemergel Skandinaviens.

Nördlich von Haus Kliffende (nomen est omen) beginnt der nördliche Nehrungshaken, der hauptsächlich aus Sand aufgebaut ist. Er ist vor weniger als 10.000 Jahren, nach dem Ende der letzten Eiszeit, durch Meeresspiegelanstieg und küstenparallelen Transport der vom Kliff abgebrochenen Sande geformt worden und reicht bis zum Ellenbogen in List.

Beim Blick Richtung dänisches Festland erkennen Sie die oft grau anmutenden

Flächen des Wattenmeeres. Dieses Gebiet, das seit 1985 zum Nationalpark Schleswig-Holsteinisches Wattenmeer gehört, ist die jüngste geologische Formation Sylts und konnte erst durch den Schutz der vorgelagerten nördlichen und südlichen Nehrungshaken entstehen.

Nachdem wir diesen herrlichen Rundblick über Kampen genossen haben, gehen wir über die mit Hünengräbern bestandenen Heideflächen bis an die Kliffkante. Wenn Sie am senkrecht abfallenden Kliff angelangt sind, macht man sich zwangsläufig Gedanken über die Sandverluste und die Erosion durch Wind und Regen sowie über moderne Küstenschutzmaßnahmen wie Sandaufspülungen kombiniert mit biotechnischen Sandfangverfahren, also Strandhaferpflanzungen und Faschinenbau.

Dass die Insel Sylt ungefähr 150 bis 250 Meter vor dem Strand ein aus Sand aufgebautes natürliches Riff unter Wasser besitzt, können Sie am besten sehen, wenn Sie bei Westwind vom Kliff oder von den Dünen aus aufs Meer blicken. Die Schaumkronen lassen erkennen, wo sich die Wellen auf dem flachen Riff brechen. Das Riff ist dadurch entstanden, dass das anbrandende Meer einen Teil der mobilisierten Sande mit zurück ins tiefere Wasser zieht und dort, in Abhängigkeit von Wellenhöhe, Wellenlänge und Gesamtenergiegehalt ein ein bis zwei Meter hohes Sandriff aufbaut (Tab. 7). Dieses Riff ist bei einer Länge Sylts von 38 Kilometern allerdings nur auf etwa 30 Kilometer vorhanden. Es muss schon deshalb immer wieder Lücken in seinem Verlauf aufweisen, damit das vom Strand Richtung Westen fließende Wasser die Möglichkeit hat, durch senkrecht zum Küstenverlauf liegende Rinnen, die sogenannten „Trekker", zurück ins Meer zu strömen. Das Riff stellt somit den mit Abstand effektivsten Wellenbrecher vor der Insel dar, den man sich vor allem bei Sturmfluten nur wünschen kann.

Am Restaurant „Sturmhaube" vorbei gehen Sie vom Nordende des Parkplatzes auf markierten Wegen quer durch die Heide, vorbei an mehreren Hünengräbern bis auf die Wattseite. Zwischen dem Nordende von Kampen und dem Naturschutzgebiet „Nielönn" erreichen Sie die Salzwiesen, eine große, nicht eingedeichte Marschlandschaft, auf der Sie hauptsächlich im Frühjahr und im Herbst riesige Schwärme von Zugvögeln beobachten können. In östlicher, später in südlicher Richtung umrunden wir den Ort Kampen. Südlich des Restaurants „Kupferkanne" biegen Sie nach rechts ab und gelangen in die Wuldeschlucht, ein altes eiszeitliches Tunneltal. Durch diese Rinne, die während der Saale-Eiszeit von Schmelzwasser unter dem Gletschereis geformt wurde, steigen Sie wieder auf die Hohe Geest hinauf. Wenn Sie sich leicht rechts halten, gehen Sie durch den

Abb. 17: Blick auf das Rote Kliff vor Haus „Kliffende", Kampen, im Februar 2000. Der schützende Sand ist durch die Orkane des letzten Winters von den Geotextilien weggeschwemmt worden.

Abb. 18: Küstenparalleles Längswerk aus Tetrapoden vor dem Hörnumer Weststrand.

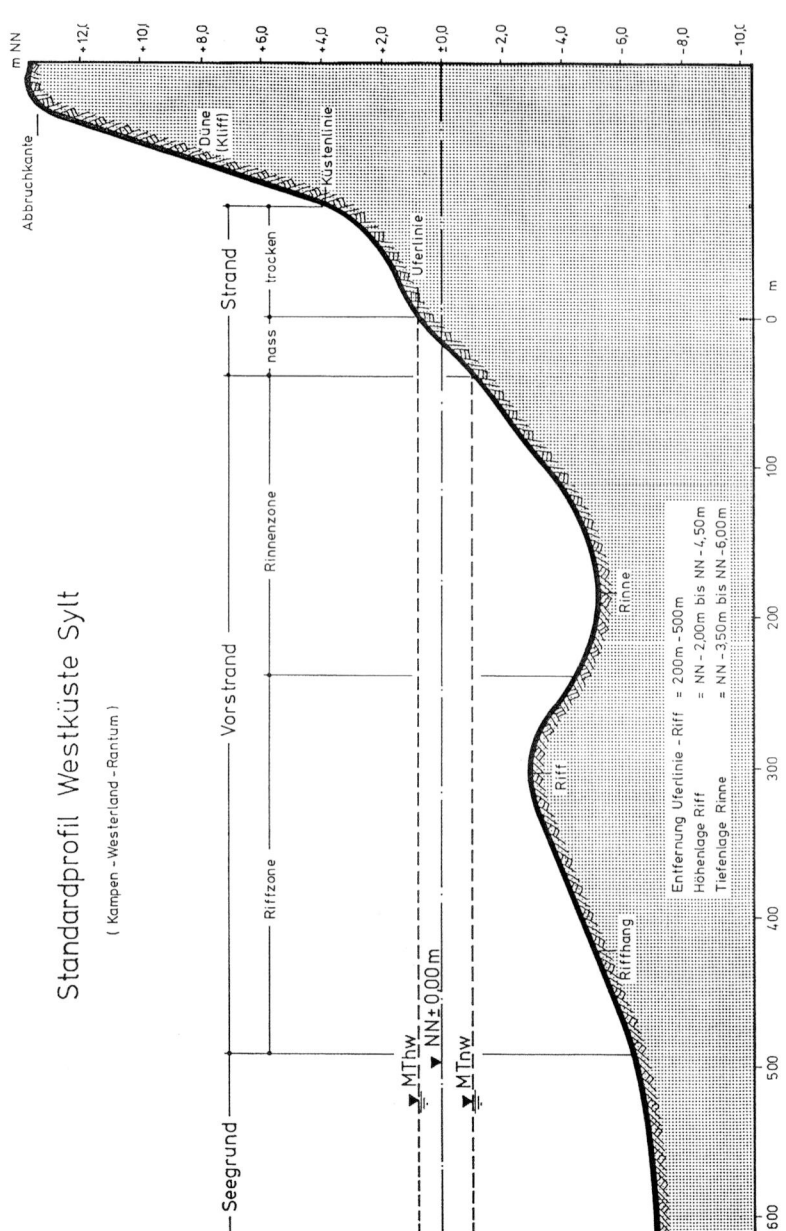

Tab. 7: Überhöhtes Vorstrandprofil: Riff – Rinne – Strand. Aus: LKN (1985); Fachplan Küstenschutz Sylt.

alten Dorfkern von Kampen, kommen zur Dorfstraße und erreichen wieder Ihren Ausgangspunkt, das Kaamphüs.

Wanderung: Rundwanderung durch die drei Naturschutzgebiete „Dünenlandschaft auf dem Roten Kliff", „Nielönn" und „Braderuper Heide".

Geologie: Geest, Nehrungshaken und Marsch, Rotes Kliff.

Schwierigkeit: mittel; sieben Kilometer lange Wanderung; zwei Stunden; 52 Meter Höhenunterschied.

Betreuer: Söl´ring Foriining (Sylter Verein) in Keitum und Naturschutzgemeinschaft Sylt;

Führungen: in Absprache mit dem Verfasser.

Anreise: das Ortszentrum ist leicht mit dem Bus (Linie 1) oder mit Auto / Zweirad zu erreichen. Koordinaten des Kaamphüs: N 54° 57´ 19´´ E 08° 20´ 33´´.

Einkehrmöglichkeiten: bei Start und Ziel in der Ortsmitte Kampen, zum Beispiel im Restaurant „Isola" im Kaamphüs oder in der „Kupferkanne".

Für alle, denen diese etwa zweistündige Wanderung zu anstrengend erscheint, gibt es auch noch eine herrliche Einsteigertour, die wirklich – fast – jeder schafft:

Vom großen Findling zum kleinen Leuchtturm

Auch dies ist eine Rundwanderung; ich beschreibe sie gegen den Uhrzeigersinn (auf der Geest nach Norden und vom „La Grande Plage" aus am Strand zurück), Sie können diese Tour natürlich auch in umgekehrter Richtung gehen.

Die Wanderung beginnt am Parkplatz des Restaurants „Sturmhaube". Dort steht ein etwa 3,5 Meter hoher Findling. Daneben finden Sie eine kurze Beschreibung zum Kampener Findling vom Roten Kliff. Vom Findling aus wandern Sie auf gutem Weg nach Norden bis zum alten Quermarkenfeuer von 1913. Dieser kleine achteckige Turm wurde 1975 außer Dienst gestellt, 1993 und 2012 aufwendig restauriert und gilt heute als Wahrzeichen von Kampen. Hier haben Sie bereits die eiszeitliche Geest verlassen und befinden sich auf dem nördlichen Nehrungshaken. Hinter der

Abb. 19: Uwe Düne: höchster Aussichtspunkt der Insel, 52 Meter über der Nordsee.

Abb. 20: Glazialtektonik am Morsum Kliff. Die Schrägschichtung im Kaolinsand ist durch den Druck des Gletschereises zu erklären, der die gefrorenen Sandschichten gekippt und übereinandergeschoben hat.

Abb. 21: Betonbuhne und Reste einer Stahlspundbuhne vor dem Roten Kliff. Die Stahlbuhne wurde bereits entfernt, die Betonbuhnen sollen demnächst gezogen werden.

Abb. 22: Lee-Erosion hinter (östlich) den Hörnumer Tetrapoden.

niedrigen grünen Halle, in der die Strandkörbe im Winter aufbewahrt werden, liegen die flachen, nicht eingedeichten Gebiete der Marsch, direkt nördlich (also links) von Kampen. Während die vielen, bis fünf Meter hohen, fast kreisrunden Hügelgräber noch auf der Geest ruhen, ist die Strandkorbhalle das einzige Gebäude im Norden Sylts, das genau zwischen Geest, Nehrungshaken und Marsch errichtet wurde. Hinter dem Backsteinturm des Quermarkenfeuers steigen Sie die Stufen hinab, halten sich nach links und erreichen am Strandbistro „La Grande Plage" den Weststrand. Wenn Sie jetzt nach links abbiegen, also Richtung Westerland gehen, kommen Sie zunächst an dem halbkreisförmigen Sandsack-Schutzwall für die Gebäude „Kliffende" vorbei. Diese Geotextilien werden durch den Angriff des Meeres häufig freigespült (Abb. 17) und müssen regelmäßig bei Sandaufspülungen neu eingespült werden, um ihre Schutzfunktion für die absturzgefährdeten Gebäude zu wahren.

Wenn Sie Kliffende passiert haben, sehen Sie schon, wie sich der Sand der Insel verändert: Die ersten ockerfarbenen Sande des Roten Kliffs tauchen auf. Nachdem Sie das imposante Strandpodest erklommen haben, können Sie den oberen Teil des Kliffs im Profil bewundern. Obenauf finden Sie zum Teil mit Strandhafer (ammophila arenaria) künstlich bepflanzten hellen Dünensand (Abb. 40). Darunter liegt brauner Mutterboden unmittelbar auf der sogenannten Steinsohle. Diese durch viele kleine Steine gekennzeichnete Lage bildet die Oberfläche der eiszeitlichen Grundmoräne, die sich während der Eisvorstöße von Elster- und Saale-Eiszeit über Sylt abgelagert hat (Abb. 23). Unterhalb der teilweise über 14 Meter mächtigen Grundmoräne liegt weißer Quarzsand, der sogenannte Kaolinsand. Diesen voreiszeitlichen Flusssand können Sie nirgendwo mehr sehen, weil er durch die Küstenschutzsande der Aufspülungen verdeckt ist. Sollte nach einer schweren Sturmflut einmal wieder der gesamte Sand der Aufspülungen weggespült worden sein, dann hätten Sie den Blick frei – wie im Winter 2000 oder zuletzt im Frühjahr 2013 – auf den Kaolinsand (Abb. 24). Über den neuen gepflasterten Weg gelangen Sie nach wenigen Metern wieder zurück zum großen Findling und zum Parkplatz Sturmhaube.

Wanderung: Rundwanderung durch den nördlichen Teil des Naturschutzgebietes „Dünenlandschaft auf dem Roten Kliff" an der Grenze zu „Nord-Sylt".

Geologie: Geest, Nehrungshaken, Rotes Kliff; Geotextilien.

Schwierigkeit: leicht, zwei Kilometer, eine Stunde; kurze Strecke am Strand, 25 Meter Höhenunterschied.

Gebietsbetreuung: Söl'ring Foriining in Keitum,

Führungen: im Frühjahr und Herbst ab Findling.

Anreise: zu Fuß ab Ortsmitte Kampen über die Kurhausstraße und quer durch die Heide (Riperstieg 1) zur Sturmhaube; mit Zweirad oder Auto zum Parkplatz Sturmhaube fahren. Der Findling steht am Plattenweg zum Hauptstrand von Kampen. Koordinaten: N 54° 57′ 43′′ E 08° 20′ 01′′.

Einkehrmöglichkeiten: Strandbistro „La Grande Plage" am Kampener Nordstrand oder im Restaurant „Sturmhaube"

5.2.1 Der Hinkelstein von Kampen, mikroskopische Beschreibung eines Findlings

Wenn Sie die Tafel mit der Erklärung neben dem Findling durchlesen, so erfahren Sie, dass dieser über 20 Tonnen schwere Stein älter als eine Milliarde Jahre (1.000.000.000) ist, mit dem meandrierenden Gletscherstrom über Hunderte Kilometer bis hierher verfrachtet wurde und ein Umwandlungsgestein (metamorphes Gestein) mit der Bezeichnung Biotit-Gneis ist. Wenn ein Wissenschaftler diesen Stein eingehend untersucht, kann er daran außergewöhnlich interessante Beobachtungen machen. Die Geologin Dr. Renate Schumacher, Leiterin des Mineralogischen Museums im Poppelsdorfer Schloss in Bonn, hat sich die einzelnen Minerale dieses Findlings genauer unter dem Mikroskop angeschaut und die Ergebnisse dieser Studie möchte ich Ihnen jetzt vorstellen.

Mikroskopische Untersuchung des Findlings von Kampen
von Dr. Renate Schumacher, Bonn

Einleitung
Den Beginn der mineralogischen Bearbeitung von Gesteinen bildet in der Regel die Bestimmung der Minerale und ihres Gefüges mit dem Polarisationsmikroskop. Hierfür müssen von der Probe haarfeine, 25/1000 mm (= 25 μm) dicke Dünnschliffe hergestellt werden. Bedingt durch diese äußerst geringe Gesteinsdicke werden die meisten Minerale lichtdurchlässig und können anhand ihrer optischen

Abb. 23: Rotes Kliff in Kampen, Profil der oberen drei Meter. Von oben: Düne mit Strandhafer, schwarzbrauner Bodenhorizont, Steinsohle, hellbrauner Geschiebelehm (Grundmoräne).

Abb. 24: Sohle des Roten Kliffs in Kampen nach mehreren Orkanen im Januar 2000: Grenze vom Tertiär (ockerfarbener Limonitsand und weißer Quarzsand, unten) zum Quartär (graubrauner Geschiebelehm, oben). Diese stratigrafische Grenze ist ansonsten unter herunterrutschendem Lehm verborgen.

Eigenschaften im polarisierten Licht bestimmt werden. In der Regel gibt es zwei Betrachtungsweisen des Dünnschliffs: Im sogenannten Hellfeld wird ein im Polarisationsmikroskop fest installierter Filter (Polarisator) genutzt, und hierbei zeigen die Minerale typische Eigenschaften wie z.B. ihre Eigenfarbe (Biotit ist grün oder braun, Abb. 25). Werden zwei senkrecht zueinander stehende Filter (gekreuzte Polarisatoren) eingesetzt, „schlucken" (absorbieren) die Minerale Farbanteile des normalen (weißen) Lichts: Der Betrachter sieht dadurch meist eine Vielfalt von Farben, die wiederum typisch für bestimmte Minerale sind und sie äußerst ästhetisch aussehen lassen können (Abb. 26). Die Fotos zeigen mit der Digitalkamera aufgenommene charakteristische Mikrobereiche des Gesteinsdünnschliffs.

Mineralogischer Befund
Bei dem Gestein handelt es sich um einen Biotit-Gneis.
Folgende Minerale konnten bestimmt werden und sind mit abnehmender Häufigkeit aufgelistet:

Primär gebildet:
Alkalifeldspat (Mikroklin mit Albit-Entmischungen), **Plagioklas**, Quarz, Biotit, Hellglimmer, Titanit, Erz (Ilmenit oder Magnetit), Zirkon, Apatit.

Sekundär, d.h. zu einem späteren Zeitpunkt während der Verwitterung des Gesteins gebildet:
Feinschuppiger Hellglimmer (Serizit) und Epidot aus Plagioklas, Chlorit aus Biotit, Eisenoxid und Eisenhydroxid aus Erz (Ilmenit oder Magnetit).

Alkalifeldspat und **Plagioklas** gehören zu den Feldspäten und bilden die größten Körner des Biotit-Gneises. Unter dem Mikroskop erkennt man unter gekreuzten Polarisatoren spindelartige Strukturen (Abb. 27). Sie zeugen davon, dass sich bei hohen Temperaturen von etwa 600 °C, als sich das Gestein noch mehrere Kilometer tief in der Erde befand, ein homogener Alkalifeldspat bildete, aus dem während der Abkühlung zwei Feldspäte (der Alkalifeldspat Mikroklin mit Albit-Entmischungen) entstanden sind. Diese beiden Feldspäte sind nun auf engstem Raum fein und spindelförmig miteinander verwachsen. Der Mikroklin überwiegt mengenmäßig.

Typisch für den Mikroklin ist auch eine gitterförmige Zwillingsbildung (Abb. 28).

Der **Plagioklas** ist ebenfalls anhand von Zwillingsbildungen zu erkennen, die

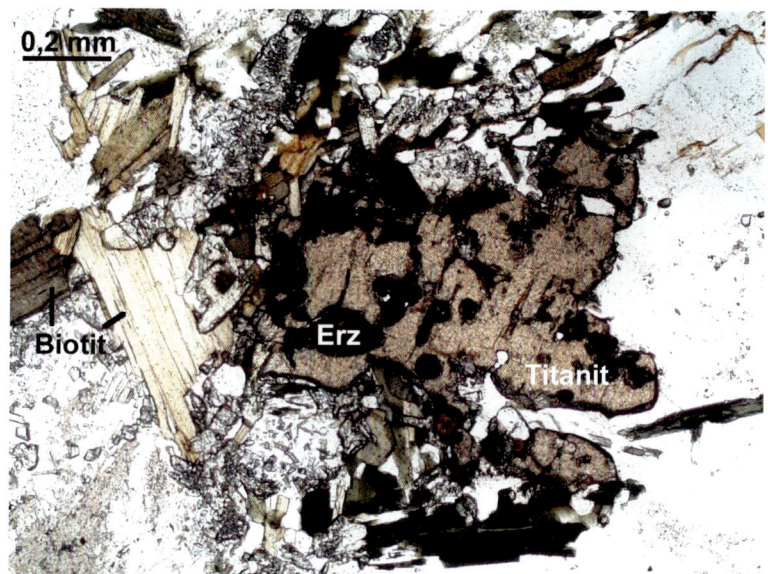

Abb. 25: Biotit, Titanit und Erz, umgeben von farblosem Feldspat (Hellfeld).

Abb. 26: Epidot und Biotit mit bunten Interferenzfarben neben Quarz. Gekreuzte Analysatoren.

jedoch im Gegensatz zum Mikroklin wie „mit Bleistift und Lineal gezogen" aussehen (Abb. 29).

Da der Findling bereits seit geraumer Zeit Wind und Wetter ausgesetzt ist, unterliegt er der Verwitterung. Diese bewirkt unter anderem, dass der Plagioklas zersetzt, und sich stattdessen feinschuppiger Hellglimmer (**Serizit**) und **Epidot** bilden (Abb. 29).

Quarz ist in diesem Gestein meist etwas feinkörniger ausgebildet als der Feldspat. Da das Gestein im Erdinneren von verschiedenen Richtungen dem Druck ausgesetzt war, wurde es deformiert. Dies ist unter dem Mikroskop anhand von einzelnen „Schatten" zu erkennen, die beim Drehen des Objekttisches über den Kristall „huschen" (Abb. 30).

Abb. 27: Der Alkalifeldspat Mikroklin mit spindelartigen Strukturen (Albit-Entmischungen).

Abb. 28: Der Alkalifeldspat Mikroklin mit typisch gitterartiger Zwillingsbildung. Gekreuzte Analysatoren.

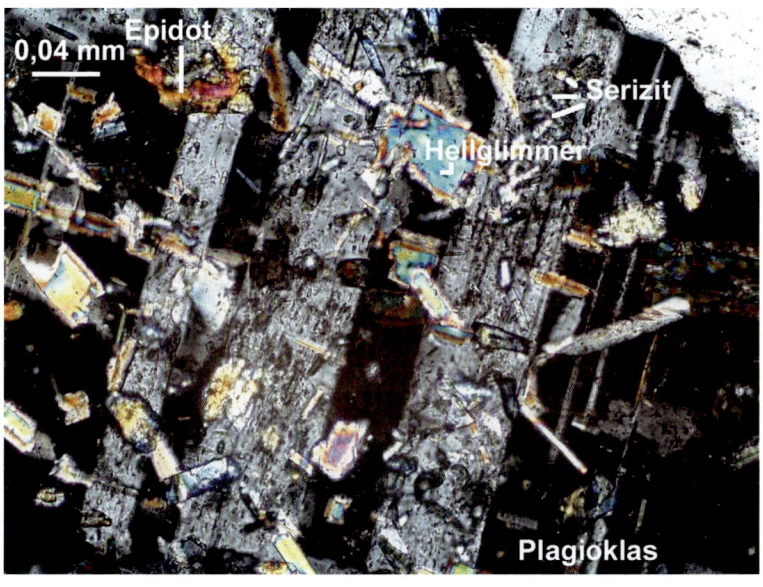

Abb. 29: Plagioklas mit Zwillingen, die „wie mit Lineal und Bleistift gezogen" aussehen. Gekreuzte Analysatoren.

Abb. 30: Deformierter Quarz, anhand der Schatten zu erkennen. Gekreuzte Analysatoren.

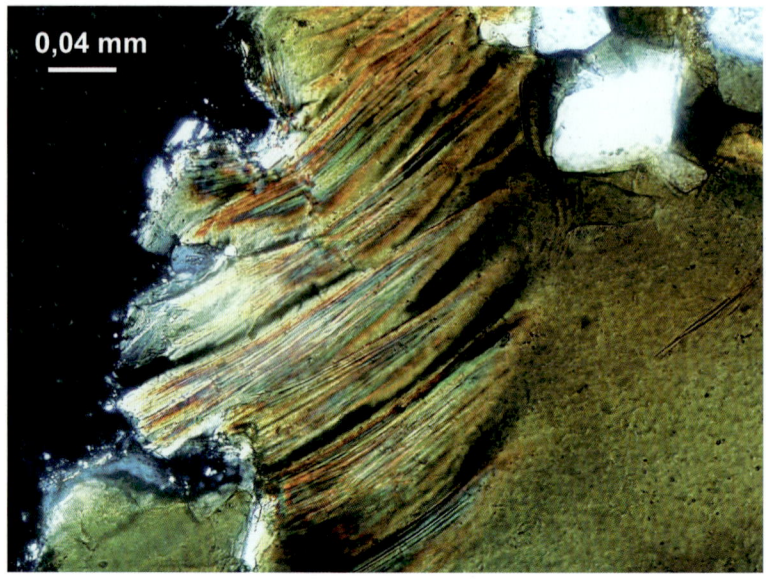

Abb. 31: Verbogene Biotit-Leisten. Gekreuzte Analysatoren.

Unter den primär gebildeten Glimmern herrscht der dunkelgrün-braune **Biotit** gegenüber dem farblosen **Hellglimmer** mengenmäßig vor. Die Deformation des Gesteins ist anhand einzelner verbogener Biotit-Leisten (Abb. 31) sowie anhand der annähernd parallel zueinander angeordneten Biotit-Pakete zu erkennen (siehe Abb. 32).

5.3 Das Rote Kliff: nicht nur bei Sonnenuntergang!

Wer in Westerland oder in Wenningstedt wohnt, hat die Möglichkeit, bei einer längeren Wanderung am Strand oder auf dem Kliff das etwa fünf Kilometer lange Rote Kliff kennen zu lernen und sich gleichzeitig mit Küstenschutzmaßnahmen wie Buhnenbau und Sandaufspülungen vertraut zu machen. Wenn Sie die Wanderung in Westerland beginnen, sehen Sie bereits in Höhe der Nordseeklinik die ersten eiszeitlichen ockerbraunen Sande des Roten Kliffs unter den Dünen hervorschauen. Diese Wanderung ist für Wenningstedter Besucher von dem nördlichen Strandübergang an der Berthin-Bleeg-Straße aus beschrieben.

Sie können diese Wanderung als Distanzwanderung durchführen und nachdem Sie die Uwe Düne bestiegen haben, von Kampen aus mit dem Bus zurückfahren, oder aber Sie gehen, wie im Text beschrieben, am Strand zurück bzw. – weil das oft wegen Hochwassers beschwerlich sein kann – über die alte Inselbahntrasse, also den in der Inselmitte verlaufenden Rad- und Fußweg und gelangen so nach Wenningstedt.

Wer von Ihnen einmal abends bei niedrig stehender Sonne unten am Strand unterwegs ist, dem wird schnell klar, warum diese imposante Steilküste als das „Rote Kliff" bezeichnet wird.

Die Wanderung beginnt mit einem Überblick über Wenningstedt und die Nordsee von der Aussichtsplattform am Strandübergang Berthin-Bleeg-Straße. Sie laufen erst über Bohlenwege durch die Landschaft der Weißen und der Grauen Düne nach Norden. Auf unbefestigtem Weg halten Sie sich auf dem Kliff und laufen auf der Oberfläche der Saale-eiszeitlichen Moräne mit ihren Windkantern und Schichten von nacheiszeitlicher Bodenbildung etwa 1,5 Kilometer weiter nach Norden (Abb. 34). Sie sehen vom Wind ausgeblasene Dünen mit Strandhaferpflanzungen rechts neben sich. Sie müssen häufig wegen der vielen Auswaschungsrinnen im

Abb. 32: Übersichtsaufnahme des Dünnschliffs mit annähernd parallel zueinander angeordneten Biotit Paketen.

Kliff vorsichtig auf der Dünenseite vorbeigehen. An manchen Dünen ist deren Schräg- oder Kreuzschichtung gut zu erkennen (Abb. 33), während der Aufbau des Kliffs mit seinen eisenhaltigen ockerfarbenen Geschieben an Stellen mit starken Auswaschungen in der Steinsohle zutage tritt. Aus der Zeit des Zweiten Weltkrieges finden Sie immer noch Betonreste der alten Wehrmachtsbunker und Flakstellungen in den Dünentälern. Diese stammen aus der Zeit nach 1942, als durch die deutsche Wehrmacht beginnend bei den Pyrenäen über Frankreich, Belgien, die Niederlande, Deutschland und Dänemark bis nach Nordnorwegen der Atlantikwall mit etwa 15.000 Bunkern gebaut worden ist.

In Kampen erreichen Sie die mit annähernd 30 Metern höchste Stelle des Roten Kliffs. Vor dem Zaun biegen Sie rechts ab und stehen nach 200 Metern am Aufstieg zur Uwe Düne. Über eine Treppe mit 112 Stufen gelangen Sie auf die Aussichtsplattform der Düne in 52 Metern Höhe. Dies ist der höchste natürliche Punkt der Insel, von dem aus Sie den zentralen Geestkern zwischen Keitum, Westerland und Kampen zu Ihren Füßen liegen haben. Bei guter Sicht können Sie im Süden den Leuchtturm von Hörnum erkennen, links daneben die Nachbarinseln Amrum (mit Leuchtturm in der Mitte) und Föhr, sowie hinter dem Kampener Leuchtturm das weiß herüberleuchtende Morsum Kliff. Wenn Sie nach Norden blicken, sehen Sie im Hintergrund die weißen Wanderdünen des Listlandes und im Vordergrund erkennen Sie, wie der große Geestkern in Höhe des Hauses „Kliffende" (die drei Häuser mit dem weißen Giebel) unter die Dünen abtaucht. Nach dem Abstieg von der Uwe Düne beenden Sie entweder Ihre Wanderung und gehen nach rechts Richtung Kampen und Bushaltestelle oder Sie setzen Ihre Rundwanderung geradeaus fort.

Am Restaurant „Sturmhaube" besteht eine Einkehrmöglichkeit, danach geht es vorbei am Kampener Findling (siehe Kap. 5.2.1) und der blauen Seilbahngondel aus der Kampener Partnergemeinde Lech / Zürs am Arlberg in Österreich auf das Holzpodest am Hauptstrand von Kampen. Nachdem Sie das senkrechte Kliff hier in ganzer Schönheit bewundert haben (Abb. 23), wenden Sie sich den sichtbaren Problemen der Sicherheit von Strand und Kliff zu: Das Kliff wurde früher von Buhnen geschützt, heute (seit 1984) setzen die Wasserbauer auf die moderne Maßnahme von Sandaufspülungen. Schauen Sie ruhig, wie viel künstlich vorgespülter Sand bei Ihrem Besuch gerade noch vor dem Kliff liegt. Die aktuelle Breite des aufgespülten Strandes kann innerhalb eines Jahres vom Sommer bis zum nächsten Frühjahr um mehr als 100 Meter schwanken! Die regelmäßig im Sommer durchgeführten Sandaufspülungen erhalten zur zusätzlichen Festigkeit des Sandes oft noch Reisigbündel (Faschinen) und Strandhaferpflanzungen. Dadurch erhofft man sich noch effektiveren Langzeitschutz für das Rote Kliff. Das durchschnittlich 2,5 Meter mächtige Sandpaket einer Aufspülung wird von den Ingenieuren auch als Verschleißbauwerk oder als Künstliche Düne bezeichnet.

Sie verlassen jetzt das Podest und wandern Richtung Süden. Am Flutsaum entlang gehend haben Sie den weißen Kaolinsand unter Ihren Füßen und finden vereinzelt eiszeitliche Geschiebe wie Feuerstein, Granit oder Gneis im Sand. Auf Ihrem Rückweg können Sie je nach Wasserstand den einen oder anderen Buhnenrest aus Holz oder Beton am Strand oder im Wasser erkennen. Die große Holztreppe von Wenningstedt taucht nach 1,5 Kilometern vor Ihnen auf und dort endet der Rundgang. 200 Meter vor der Haupttreppe nehmen Sie den Sandweg links hinauf und kommen so zurück zum Strandübergang Berthin-Bleeg-Straße.

Wanderung: Rundwanderung von sieben Kilometern durch das gesamte Naturschutzgebiet „Dünenlandschaft auf dem Roten Kliff" oder Distanzwanderung von nur drei Kilometern.

Geologie: Rotes Kliff, tertiärer Kaolinsand, eiszeitliches Geschiebe; Sandaufspülung.

Schwierigkeit: mittelschwer; Wanderung nur bis Kampen: leicht. 52 Meter Höhenunterschied.

Betreuer: Söl´ring Foriining (Sylter Verein) in Keitum.

Geologische Führungen: im Frühjahr und im Herbst.

Anreise: mit dem Bus bis Wenningstedt Mitte, weiter über die Berthin-Bleeg-Straße bis zum Strandübergang; mit Zweirad oder Auto: bis zum großen Parkplatz am Westende der Berthin-Bleeg-Straße; Koordinaten: N 54° 56´ 19´´ E 08° 19´ 04´´.

Einkehrmöglichkeiten: Restaurant „Sturmhaube" in Kampen, Restaurant „Wonnemeyer" oder verschiedene Lokale in Wenningstedt bei Start und Ziel.

Abb. 33: Schräg- oder Kreuzschichtung in einer Düne auf dem Roten Kliff.

Abb. 34: Steinsohle auf der Hohen Geest in Kampen.

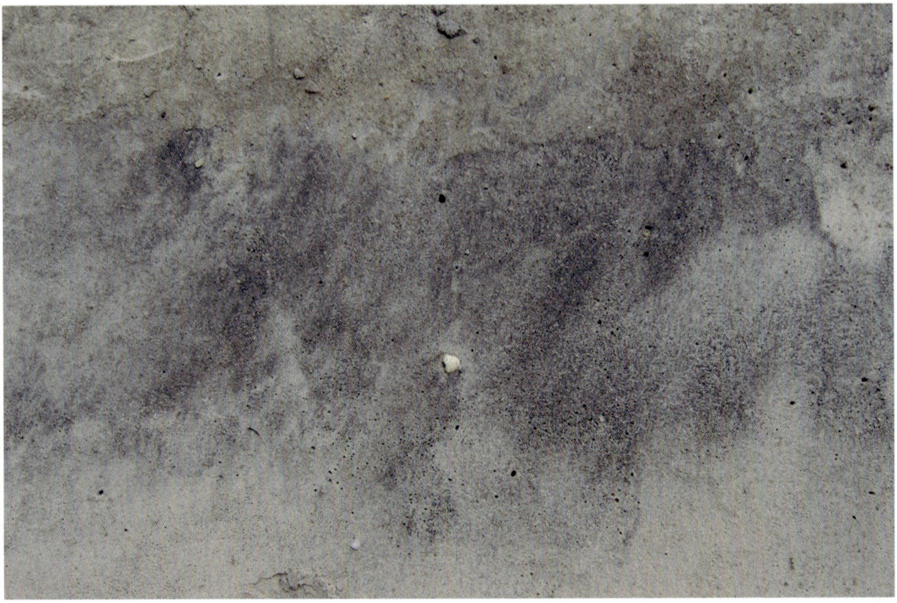

Abb. 35: Dunkle Schwermineralseife am Strand.

Quermarkenfeuer

5.4 Das Naturschutzgebiet Hörnum Odde: Sylts sonniger Süden

Nirgendwo ist es auf der Insel so einsam, nirgends kommt einem bereits auf der Fahrt von Rantum die Landschaft so fremd und unwirtlich vor wie auf dem letzten Ende der Südhalbinsel Sylts. Das altdänische (süd-jütländische) Wort Odde bedeutet Landspitze. Das friesische Wort Hörnum heißt Ecke oder Winkel. Mit Hörnum wurde schon lange vor der Gründung des jüngsten Sylter Dorfes im Jahre 1901 die Halbinsel südlich von Rantum bezeichnet, ein Ort um den sich die Sagen und Legenden vom Seeräuber Klaus Störtebeker und seinen Kumpanen ranken. Noch heute wird der freiheitsliebende friesische Geist beschworen, wenn die Schulkinder das Theaterstück von Pidder Lüng, dem „Langen Peter" aufführen, der dem Amtmann von Tondern, Henning Pogwisch, unmissverständlich klarmachte, dass die in den Uthlanden lebenden Königsfriesen freie Menschen seien und sich keinem Herrn beugen würden.

In der Zeit nach den vermuteten ersten Hafenanlagen in Höhe des Ortsteils Budersand (Buden im Sand) sind zwei Ereignisse prägend für die Ortsgründung von Hörnum gewesen: der Bau einer Seebrücke als Schiffsanleger im Jahre 1901 und nach dem Zweiten Weltkrieg die Entstehung der Kersig-Siedlung, benannt nach einem Kieler Bauunternehmer, einer Ferienhaus-Siedlung unter Reet, die bis 1960 fertiggestellt wurde.

Erst nachdem die Ferienhäuser errichtet waren, erkannten die Erbauer mit Schrecken, dass die schützende Dünenkette bis zum Meer viel zu schmal war. Diese Einsicht führte dazu, dass man mit der Konzeptentwicklung für die ersten jemals für Hörnum notwendigen Küstensicherungsmaßnahmen begann, einzig und allein zum Erhalt der Kersig-Siedlung. Die Verantwortlichen entschieden sich für ein Patent, das an der Universität von Grenoble zum Schutz von Hafenmolen entlang der französischen Atlantikküste, einer Granitküste (!), entwickelt worden war, für Tetrapoden (Abb. 39). So begannen die Wasserbauer nach 1966 den Strand von Hörnum richtiggehend zu verfelsen. Beginnend im Norden beim Campingplatz bis in die Höhe der Ferienhäuser der Kersig-Siedlung wurden parallel zum Strand Tetrapoden verlegt. Obwohl die Wasserbauer bis dato 100 Jahre lang keinerlei positiven Erfahrungen mit dem Bau von Schutzbuhnen an der Westküste Sylts sammeln konnten, wurde 1968 noch einmal eine Buhne in die Nordsee hinein gebaut.

Eine 270 Meter lange Buhne, bestehend aus mehr als 1.400 Tetrapoden, entstand im Süden der Ferienhaus-Siedlung. Diese später als Tetrapoden-Querwerk bekannt gewordene Buhne sollte den Sandtransport parallel der Küste nach Süden stoppen und einen riesigen Sandberg vor der Kersig-Siedlung anhäufen. Es geschah leider das, was auch an anderen Orten weltweit als Folge solcher Baumaßnahmen geschieht: Ein enormer Sandabtrag (Erosion) setzte bereits während der nächsten Herbst- und Winterstürme ein und der Sandverlust südlich dieses Großbauwerks erhöhte sich binnen Jahresfrist auf das Acht- bis Zehnfache des vorher bekannten Sandverlustes! Eine etwa 600 Meter tiefe Bucht bildete sich in wenigen Jahren und die Häuser der Kersig-Siedlung waren gefährdeter denn je (Karte 6). Nur aufgrund einer nach 1972 erfolgten Sandumlagerung konnte diese Bucht im Nassspülverfahren mit Sand aufgefüllt, anschließend mit Strandhafer bepflanzt und renaturiert werden. Ein drohender Durchbruch des Meeres zum Watt hin ist somit vermieden worden.

Obwohl schon seit Jahren deutlich wurde, dass die Tetrapoden für den enormen Sand- und Strandverlust verantwortlich sind, wurde erst im Sommer 2005 – fast 40 Jahre nach ihrer Verlegung – damit begonnen, wenigstens einen Teil der Tetrapoden zu entfernen. Die unglückliche Wechselwirkung zwischen den Wellen und den freigespülten Tetrapoden hatte zu starker Auskolkung und enormer Lee-Erosion hinter den Tetrapoden geführt, wodurch sich das Strandniveau in nur einer Wintersaison um etwa 3,50 Meter gesenkt hatte! Die Tetrapoden zwischen Campingplatz und Haupttreppe wurden weggefahren (sie befinden sich heute auf der Düne von Helgoland), und gleichzeitig sorgte eine begleitende Sandaufspülung dafür, dass wieder ein normaler, betonfreier Badestrand entstand.

Im Frühjahr 2012 wurden fast alle weiteren vom Meer freigespülten Tetrapoden des Längswerkes zwischen Haupttreppe und Querwerk aufgenommen und südlich des Querwerkes als neu geschaffenes Längswerk eingebaut, das nach seiner Neuverlegung vom LKN in der Überarbeitung des Fachplans Küstenschutz Sylt nicht mehr als südliches Längswerk, sondern als „Wellenbrecher Siedlung Süderende" bezeichnet wird (Karten 7 und 8). In der Hoffnung, diese Tetrapoden in ihrer Höhe zu fixieren, sind sie auf großen Bahnen von Geotextilien verlegt worden. Das gleiche Material ist vor über zehn Jahren auch im Stubaital in Österreich benutzt worden. Dort soll es dazu dienen, die Gletscherwelt oberhalb von 3.500 Metern vor dem weiteren Abschmelzen zu bewahren. Auf Sylt sind diese Kunststofffliese bereits nach wenigen Stürmen unterspült worden, so dass viele neu verlegte Tetrapoden bereits nach wenigen Monaten um drei bis fünf Meter niedriger liegen als unmittelbar nach der Verlegung.

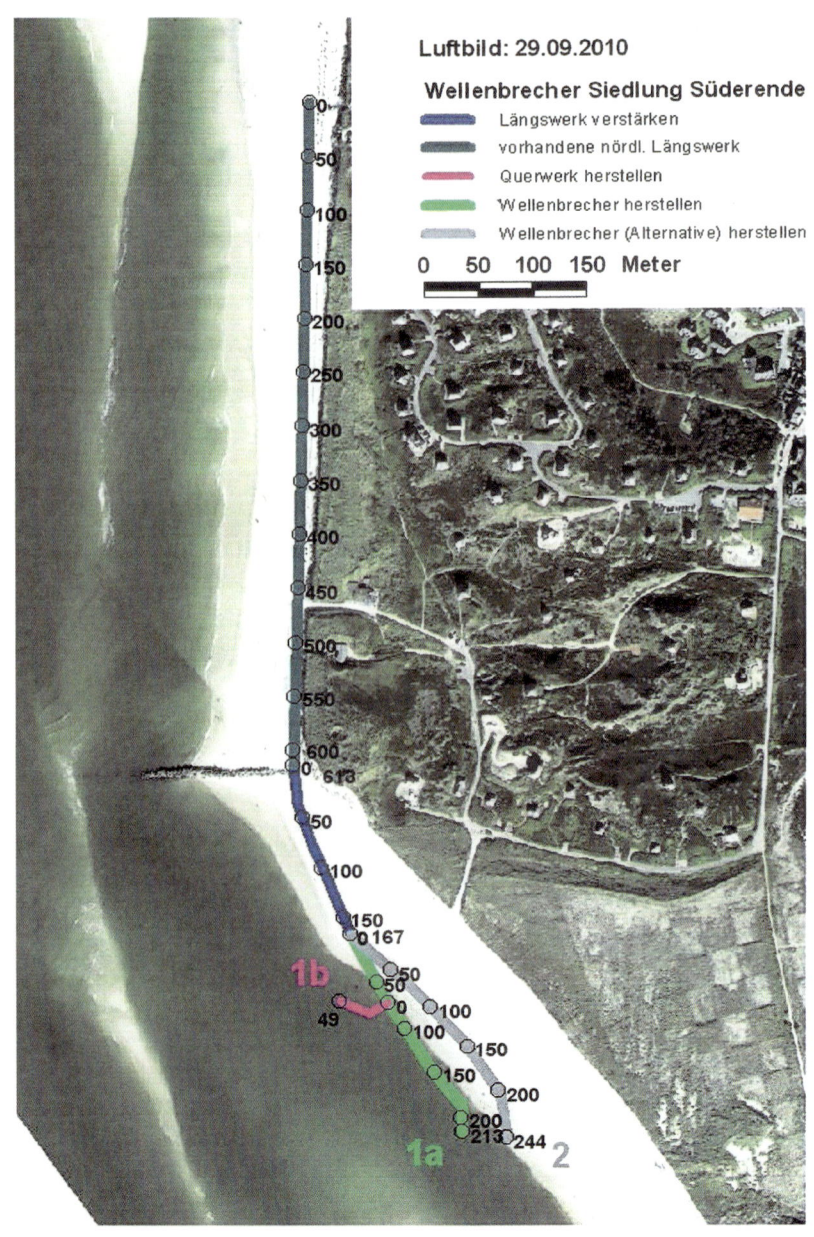

Karte 7: Tetrapoden 2006 bis Anfang 2012 mit geplanten Verlegungsoptionen für 2012 (aus: LKN: Fachplan Küstenschutz Sylt, Internet-Fortschreibung).

Leider ist bis zur Drucklegung keine Entscheidung gefallen, auch die immer noch über 200 Meter ins Meer ragende Tetrapodenbuhne zu entfernen, die ja der eigentliche Verursacher der bis heute über siebzigprozentigen Landverluste der Hörnumer Odde ist. Diese Großbuhne ist dafür verantwortlich, dass Jahr für Jahr zusätzlich zum normalen Küstenrückgang ein 30 bis 60 Meter breiter Dünenstreifen der Odde durch Lee-Erosion verloren geht und zum Ausgleich laufend weitere Sandmengen aufgespült werden müssen.

Geologische Wanderung um die Hörnumer Odde

Die Wanderung um das Naturschutzgebiet (NSG) Hörnum Odde startet beim neuen Gebäude des Tourismus-Service in Hörnum an der Rantumer Straße. Durch den Strandweg und vorbei am Hotelkomplex von Hapimag Deutschland geht der Spaziergang über einen Serpentinenweg auf die westliche Schutzdüne des Ortes Hörnum hinauf. Hier liegt seit 2010 inmitten der mit Strandhafer bepflanzten Weißen Düne und in sehr exponierter Lage die Strandbewirtschaftung „Breizh". An diesem Restaurant vorbei steigen Sie über die Treppe zum Hörnumer Weststrand hinab. Parallel zu der Dünenkette lagen bis März 2012 die in Grenoble/Frankreich entwickelten ca. sechs Tonnen schweren vierfüßigen Betonsteine, die Tetrapoden. Diese sind ursprünglich als Küstenschutzbauwerke zum Erhalt der Kersig-Siedlung im Jahre 1967 verlegt worden. Nach einem Untersuchungsbericht des Landesbetriebes für Küstenschutz, Nationalpark und Meeresschutz (LKN) aus dem Jahre 2008 wird ihnen die genau entgegengesetzte Wirkung bescheinigt, nämlich die Jahr für Jahr neu aufgespülten Sande der Sandaufspülung vorschnell zu vernichten, anstatt sie zu erhalten (LKN, 2008).

Erhofft wird nach dem Abtransport der freigespülten Tetrapoden, dass sich zwischen Treppe und Großbuhne im Süden wieder ein die Insel schützendes Sandriff aufbauen möge, wie es nach der Entnahme der Tetrapoden des nördlichen Längswerkes zwischen Treppe und Campingplatz Hörnum im Jahre 2006 ebenfalls erfolgt ist. Sobald die an der Haupttreppe im Sand verbliebenen Tetrapoden nach zukünftigen Stürmen ebenfalls freigelegt sind, ist vom LKN geplant, sie zu entfernen, bis auch die letzten Betongetürme vor dem Hauptstrand abtransportiert worden sind.

Auf der weiteren Wanderung am Flutsaum des Nehrungshakens gen Süden erreichen wir die 1968 aus mehr als 1.400 Tetrapoden ins Meer gebaute, 270

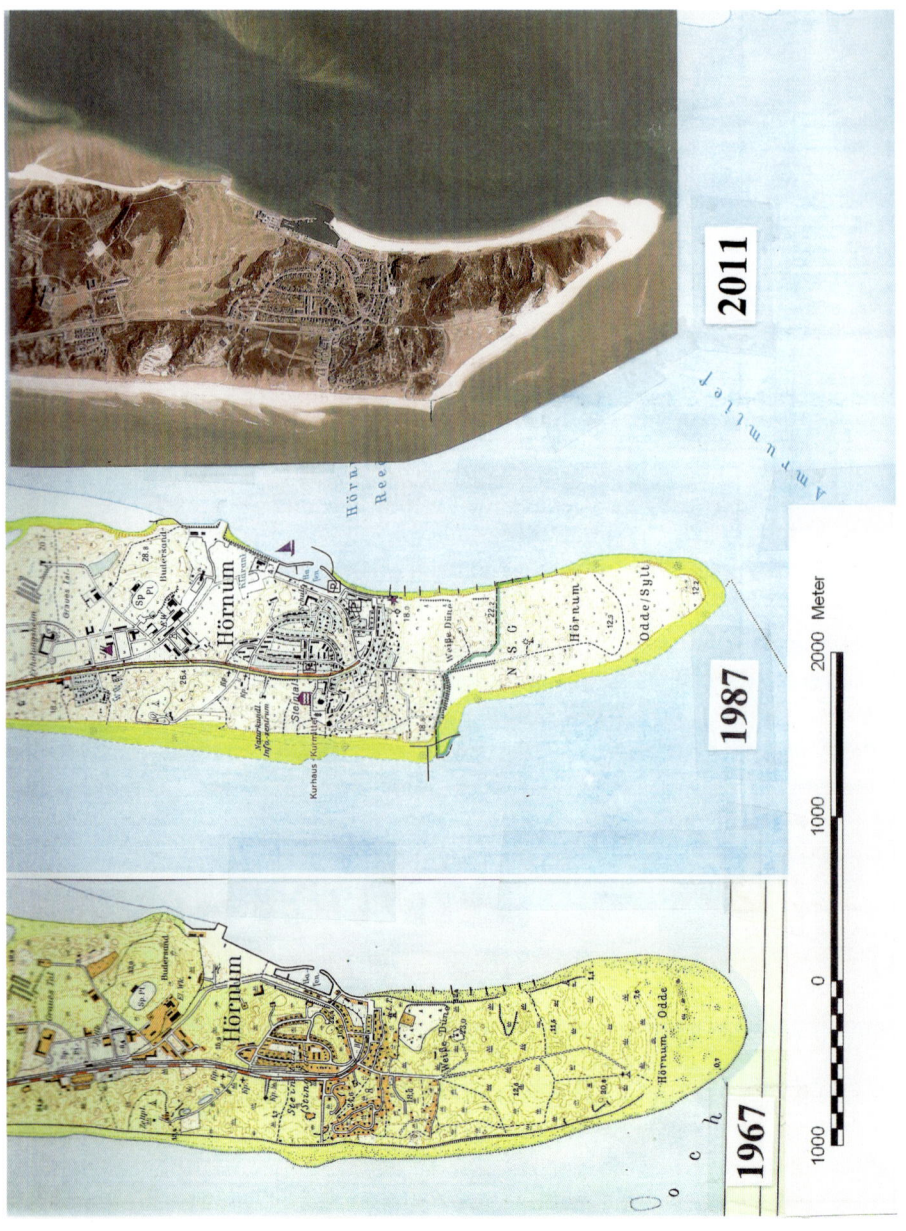

Karte 6

Karte 6: Veränderung der Hörnum Odde in 44 Jahren (1967 bis 2011) (topografische Karten:1967 und 1987; Luftbild: April 2011, Landesamt für Vermessung und Geoinformation Schleswig-Holstein, Kiel).

Die Länge der Odde betrug um das Jahr 1960 etwa 2,5 Kilometer, 1987 2,3 und 2011 nur noch 1,8 Kilometer, abhängig von Tide, Windrichtung und Jahreszeit.

Einen Kilometer südlich des Tetrapoden-Querwerks maß die Odde 1967 noch 1.000 Meter, 1987 weniger als 600 und 2011 bereits weniger als 300 Meter in der Breite.

In der Karte von 1967 ist eine etwa 2,5 Kilometer lange, sehr symmetrische und leicht nach SSE abknickende Hörnum-Odde zu sehen. Sie hat im Süden ebenso wie auf der Höhe des Leuchtturms eine Breite von einem Kilometer.

In der Karte von 1987 ist zu sehen, wie nach dem Bau des Tetrapoden-Querwerkes 1968 etwa 200 Meter weiter südlich die Küstenlinie zurückweicht und bedingt durch Lee-Erosion die Odde auf Höhe des „neuen" Quermarkenfeuers (kleiner Leuchtturm) nur noch 650 Meter breit ist. Die Auswirkungen dieser Erosion gingen nach 1970 so weit, dass die Odde südlich des Tetrapoden-Querwerks nur noch eine Breite von 400 Meter hatte. Diese Lee-Erosionsbucht ist mit Sand aufgefüllt und mit Strandhafer bepflanzt worden, wie an den hellen Flächen im Luftbild von 2011 auch heute noch gut zu erkennen ist.

In Ermangelung einer topografischen Karte aus dem 21. Jahrhundert wurde auf ein digitales Luftbild des Landesamtes für Vermessung in Kiel im Maßstab 1:25.000 zurückgegriffen. Da der Hörnumer Weststrand seit Beginn der Sandersatzmaßnahmen mehr als 2 Million Kubikmeter Sand als Sandaufspülung erhielt, hat sich die Lee-Erosionsbucht aus der Karte von 1987 deutlich aufgefüllt. Weil aber das Tetrapoden-Querwerk auch weiterhin als Störkörper in der Strömung fungiert, ist südlich des Querwerks eine fast geradlinige Ausgleichsküste entstanden. Auf Höhe des „neuen" Quermarkenfeuers sind augenblicklich die stärksten Sandverluste, die Odde misst hier bereits weniger als 300 Meter bis zum Wattenmeer. Durch die permanenten Abbrüche an der Odde und auch durch die fast in jedem Jahr durchgeführten Sandaufspülungen sind enorme Sandmengen in Bewegung. Die Odde hat sich stark verkürzt, die Südspitze weicht nach Norden zurück und verlagert sich minimal nach Osten (Luftbild 2011).

Meter lange Buhne. Unmittelbar nördlich davon passieren Sie bei der Position N 54° 45′ 10′′ E 08° 16′ 45′′ den westlichsten Punkt der Insel. Obwohl diese Großbuhne nachweislich für über 90 Prozent der Sandverluste an dem 1972 unter Naturschutz gestellten Gebiet der Hörnum Odde verantwortlich zeichnet, wird von Seiten des LKN leider auch 2012 an diesem Bauwerk festgehalten.

Im selben Jahr sind mehr als 1.000 im sogenannten nördlichen Längswerk aufgenommenen Tetrapoden als seewärtige südliche Verlängerung des südlichen Längswerkes mit eingebaut worden. Der nach der Wegnahme neu aufgespülte Sand von etwa 200.000 Kubikmetern dient allein dem Schutz der östlich gelegenen Dünen. Sobald die weiter nach Süden verlegten Tetrapoden des verlängerten Längswerkes jedoch nach den ersten Stürmen freigespült worden sind, werden sie sofort dafür sorgen, dass aufgrund der trichterförmig verstärkten Strömungsgeschwindigkeit – zwischen ihren Beinen (-poden) hindurch – im östlich angrenzenden Strandbereich deutlich mehr Sand verloren gehen wird als vor der Neuverlegung der Tetrapoden (Karte 8).

Seien Sie bitte sehr vorsichtig, wenn Sie die Tetrapoden passieren, denn viele sind bereits zerbrochen und deshalb sehr scharfkantig! Südlich des Tetrapodenquerwerkes beginnt das Naturschutzgebiet „Hörnum Odde". Ab jetzt ändert sich Ihre Wanderrichtung von Nord – Süd nach annähernd Nordwest – Südost. Sie erkennen starke Abbrüche an den südlichsten Dünen und den Resten jüngerer Sandaufspülungen. Falls Sie bei Westwind und Hochwasser nicht mehr trockenen Fußes an den Dünen vorbeigehen können, bleibt als Ausweichstrecke nur der Weg zum kleinen Quermarkenfeuer (Unterfeuer) in den Dünen. Dort ist auch eine Aussichtsplattform, von der aus Sie einen herrlichen Blick auf die Insel- und Halligwelt genießen können. Sehr erschreckend ist auch, dass aufgrund der fortschreitenden Dünenabbrüche das mehr denn je vom Absturz bedrohte Unterfeuer erst seit wenigen Jahren fast während der gesamten Wanderung vom Strand aus zu sehen ist.

Wenn Sie bei gutem Wetter unten am Strand geblieben sind, wird die kleine Dünenkette immer flacher, und schließlich laufen Sie am Flutsaum entlang über eine wüstenartig wirkende Sandfläche bis zum südlichsten Punkt der Hörnumer Odde bei N 54° 44′ 28′′ und E 08° 17′ 52′′ (Januar 2013). Von hier aus sind es Luftlinie genau 36,2 Kilometer bis zum nördlichsten Punkt der Insel am Ellenbogen bei N 55° 03′ 29′′ E 08° 24′ 42′′.

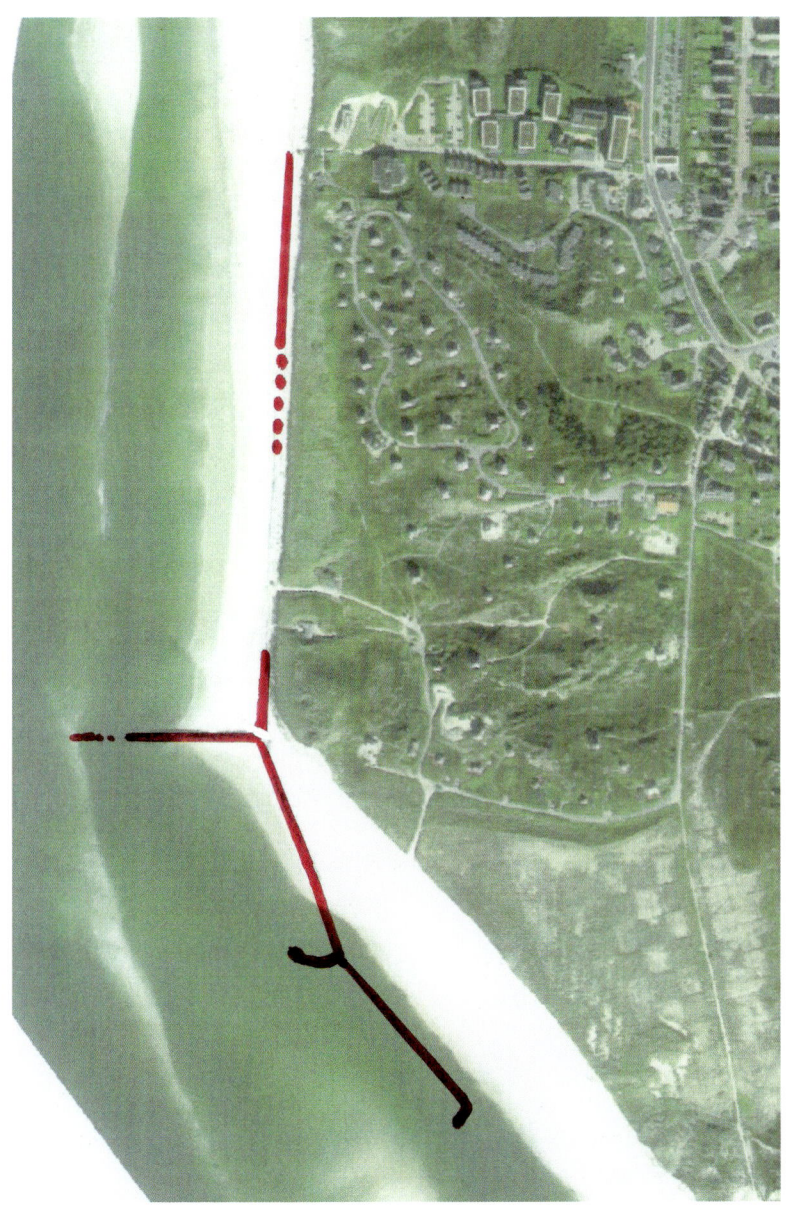

Karte 8: Nach der Neuverlegung vieler Tetrapoden Ende 2012 (in rot). Die Verlegung erfolgte in etwa gemäß Variante 1a (Karte 7) mit einer 50 Meter langen Stummelbuhne (1b). (Abgewandelt nach Karte 7).

Westlich der Inseln Sylt und Amrum, also rechts von Ihnen, liegt ein 1.200 Quadratkilometer großes Schutzgebiet für die hier lebenden Schweinswale. Vor Ihnen befindet sich das Hörnum Tief, eine über 30 Meter tiefe Rinne mit einer Strömungsgeschwindigkeit von maximal zwei Metern pro Sekunde und dahinter liegen die beiden Nachbarinseln Amrum und Föhr (links). Der Rückweg in Richtung Leuchtturm erfolgt entlang des Nationalparks Schleswig-Holsteinisches Wattenmeer. Nach gut einem Kilometer sehen Sie Buhnen aus Stahlspundwänden aus dem Jahr 1936 vor sich. Schnell wird Ihnen klar, dass der Sandverlust seit 1936 hier auf der Wattseite trotz der tiefen Strömungsrinne praktisch null ist, während auf der Westseite der Odde seit 1968 fast 1,5 Kilometer Land verloren gegangen ist und sich die Südspitze der Odde um mehr als einen Kilometer nach Norden zurückgezogen hat. Wenn Sie den Leuchtturm und die feste Uferpromenade erreicht haben, ist die Umrundung der Odde beendet. Ein Besuch des Hafens würde sich noch empfehlen, andernfalls gehen Sie quer durch den Ort und kommen nach einem Kilometer Spaziergang wieder beim Tourismus-Service an.

Wanderung: Rundwanderung vom Tourismus-Service an der Rantumer Straße über die Südspitze bis zum Leuchtturm.

Geologie: Nehrungshaken, Dünen; Strömung; Lee-Erosion; Tetrapoden.

Schwierigkeit: leicht; vier Kilometer, knapp zwei Stunden, auf der Wattseite oft tiefer Sand.

Betreuer: Schutzstation Wattenmeer e. V., Sitz: Kuno-Ehlfeldt-Haus in Hörnum (ehemalige evangelische Kirche) und ehemalige katholische Kirche, beide in der Rantumer Straße.

Führungen: fast täglich durch die Mitarbeiter der Schutzstation Wattenmeer.

Geologische Wanderung: im Frühjahr und Herbst.

Anreise: mit Bus (Linie 2) bis Hörnum Strandweg oder mit Auto und Fahrrad bis zum Tourismus-Service; Koordinaten: N 54° 45′ 27′′ E 08° 17′ 11′′.

Einkehrmöglichkeiten: am Ende der Wanderung im Restaurant „Südkap"; weitere Restauration finden Sie im Ort Hörnum.

5.5 Auf den Spuren des Ortes Eidum

Eine etwa zweistündige, fünf Kilometer lange Rundwanderung von Westerland nach Tinnum und zurück nach Westerland.

In den alten Chroniken der Insel Sylt werden aus der Zeit des Mittelalters viele heute nicht mehr bekannte Ortsnamen erwähnt: Stinum, Eytum, Wendingstedt, Munkmarsk ... Der auf Sylt bekannteste Name ist Eidum, ein Ort, der „in der Nacht zum 1. November 1436 im Meer versank" (Westerland, Eiland Verlag 2005). Eidum wird als der Vorgänger des Ortes Westerland bezeichnet. Aber wo genau lag wohl dies Eidum?

Der Logik nach müsste ein durch Sturmflut versunkener Ort draußen in der Nordsee zu suchen sein; vielleicht aber doch eher im Süden der Geest, die heute zwischen den Straßen Lorens-de-Hahn und Süderstraße an die Marsch grenzt. Hier befindet sich auch der älteste Teil von Westerland mit dem ältesten Friesenhaus der Insel, der 1648 erbauten „Friesenstube" in der Straße Gaadt.

Sie gehen von dem höchsten Dünenübergang in Westerland, dem Aussichtspunkt auf der „Himmelsleiter", in westlicher Verlängerung der Straße Gaadt auf Entdeckungstour.

Wenn Sie auf der Aussichtsplattform bei Strandübergang 49 stehen, gewinnen Sie einen guten Überblick über die drei geologischen Formationen, die Sylt ausmachen:

Unter der Düne liegt die alteiszeitliche Geest. Der südlichste Teil der nicht von Dünen bedeckten Geest endet an einem alten Bauernhof bei Süderende (Blickrichtung nach Osten). Daran schließt sich weiter südlich die Marsch an, die seit der Eindeichung von 1936/1937 als Koog zu bezeichnen ist. Vor den Angriffen des Meeres geschützt wird dies Land somit von einem Deich im Süden und im Westen von dem südlichen Nehrungshaken, der auf Höhe der „Himmelsleiter" beginnt.

Solch ein nahe der Geest gelegenes fruchtbares Marschland, das gleichzeitig noch im Schutze einer Nehrung liegt, gibt es auf Sylt noch ein zweites Mal, nämlich nördlich von Kampen: Das Schwemmland „Nielönn" liegt am Nordende der

Steinsohle auf dem Roten Kliff.

Geest und hat einen schützenden Nehrungshaken im Westen. Aber nur einmal können wir uns auf Sylt aufgrund der Aufzeichnungen in den Chroniken sicher sein, dass dies landwirtschaftlich so wertvolle Schwemmland, die sogenannte Südermarsch, bereits im Spätmittelalter durch einen Deich vor Überschwemmungen geschützt war.

Nun zurück zum untergegangenen Ort Eidum. Der Kieler Geologe Prof. Dr. Karl Gripp schlussfolgerte in einem Aufsatz über Sylt: „Wichtigen Aufschluss aber gewährt die Vorstellung eines langsam im Maße des Zurückweichens der Geest von West gegen Ost gewanderten Hörnum-Hakens. Innerhalb dieses Hakens hat sich im Winkel mit der hier sanft (nach Süden) abfallenden Geest Watt und dann Marsch gebildet. Es ist die Marsch von Steidum, Munkmarsk und Eidum. (…) Der Deich wird an den Strandwall des Hakens angeschlossen haben. In dieser Marsch und wahrscheinlich auf dem unmittelbar daran anschließenden, sehr niedrigen Geesthügel werden die Orte gelegen haben, deren Untergang geschichtlich belegt ist (Eidum)." (Gripp, 1940, S. 49).

Somit müssen wir die Ursprünge des Ortes Eidum nicht in der Nordsee, sondern eher südlich des heutigen Ortes Westerland suchen. In Folge 63 der Sylter Rundschau heißt es: „Als das Sylter Hauptdorf Eidum anno 1436 unterging, gründeten die Bewohner ein gutes Stück weiter westlich eine neue Siedlung: Westerland. Keimzelle war aber vermutlich nicht der Bereich um die alte Dorfkirche, sondern vielmehr der Süden Westerlands. ‚Der älteste Teil Westerlands', analysierte 1845 der Sylter Chronist Christian Peter Hansen, ‚ist das sogenannte Süderende.'" (Deppe, 2009). Diesem Bericht zufolge würde der Ursprung des Ortes Eidum wohl eher auf der Höhe der Tinnum-Burg, als unmittelbar südöstlich der „Himmelsleiter"-Düne zu vermuten sein.

Die Wanderung geht von der „Himmelsleiter" am Sylt-Stadion vorbei, durch das Südwäldchen hindurch, und weiter durch die Marsch von Süderende (Kuurt Blöken) parallel zu einem Siel bis zur Lorens-de-Hahn-Straße. Hier trifft die zweite Deichlinie (Sommerdeich oder Schlafdeich), die am Westerländer Campingplatz beginnt, auf die Hauptstraße nach Rantum. Eine Betoneinfriedung neben der Straße (Stöpe) zeigt an, dass hier im Ernstfall Eichenbohlen eingelegt werden können, die zusammen mit dazwischen platzierten Sandsäcken eine Überflutung von Westerland nach einem möglichen Deichbruch des Rantum-Becken- und des Nössedeichs verhindern sollen. Sie überqueren die Lorens-de-Hahn-Straße, lassen den Weg „Weester Stiindeelken" rechts liegen und folgen dem Siel geradeaus. Nach wenigen hundert Metern treffen Sie auf einen breiteren Kiesweg (Strön´wai). Hier verlief nach 1936 eine Schmalspurbahn, die Material für den Bau des Rantum-Becken-Deichs herantransportiert hat. Parallel zu dieser Bahntrasse sind die Reste eines alten Deichs zu erkennen. Nachdem der Stinumdeich, der vermutlich früher einmal den Ort Eidum geschützt hatte, gebrochen war, ist erst 1820 ein Deich zum Schutz von Westerland und Tinnum gebaut worden. Leider ist dieser Deich bereits 1825 bei einer schweren Sturmflut, die später als Halligflut bezeichnet wurde, gebrochen. Die Deichreste sind bis heute erhalten geblieben.

Sie gehen den „Strön´wai" nach links. Auf dem weiteren Weg passieren Sie die Kleingartenanlage „Halemdüür". Beim Queren des großen Entwässerungssiels „Waadens-Sill" überschreiten Sie die Gemeindegrenze von Westerland nach Tinnum und sehen das Archäologische Denkmal der Tinnum-Burg links vor sich (friesisch: borig). Über die eigentliche Funktion dieser über acht Meter hohen und im Durchmesser 120 Meter messenden, etwa 2.000 Jahre alten Ringwall-Anlage ist bisher wenig bekannt. Archäologische Untersuchungen belegen, dass im Inneren der Wallanlage Gebäude errichtet worden sind. Ob bereits zur Zeit der Wikinger hier Waren angelandet worden sind oder ob die Friesen hier wichtige Amtshandlungen abgehalten haben, ist bis heute nicht geklärt (Abb. 36 und Karte 9).

Da die Sylter Geest nur etwa 200 Meter nördlich der Tinnum-Burg zu finden ist, könnte die ursprüngliche und archäologisch bestätigte Gründung von „borig" vor 2.000 Jahren ohne Weiteres auf der nur leicht nach Süden abfallenden Hohen Geest erfolgt sein. Als die Geest durch Sturmfluten und Kliffabbrüche nach Norden zurückverlegt wurde, sind die nach den Zerstörungen durch Sturmfluten verbliebenen Reste von „borig" zur Wikingerzeit oder auch erst während der friesischen Besiedlung in der heute erhaltenen Form überbaut worden.

Aufgrund der Lage der Tinnum-Burg /„borig" unmittelbar neben dem größten Priel südlich von Westerland, der nördlichen Verlängerung des „Eidum-Tiefs" (!) im Wattenmeer, liegt die Annahme nahe, dass es sich bei der Tinnum-Burg weniger um eine ehemalige Schutz- oder Verteidigungsanlage handeln könnte als vielmehr um eine alte Hafenanlage aus der Zeit der friesischen oder wikingerzeitlichen Besiedlung.

Dass wir es bei der Tinnum-Burg mit einem geschichtsträchtigen Ort zu tun haben, wird im weiteren Verlauf der Wanderung deutlich werden.

Die wichtigste Vertretung des dänischen Königshauses auf Sylt war die Dienststelle des Landvogtes. Er war Vertreter des Amtmanns von Tondern. Sein Haus lag bis Anfang des 17. Jahrhunderts in Sichtweite der Tinnum-Burg, nämlich unmittelbar nördlich der Burg. Aufgrund der Nähe zur heute noch gut sichtbaren Kliffkante wurde 1649 die Alte Landvogtei an der Straße Kampende errichtet. Auch von dort hatte der Landvogt – vor dem Bau der Boy-Lornsen-Schule – einen direkten und guten Blick auf die Anlage von „borig". Bis 1868 blieb Tinnum Sitz des Landvogtes.

Folgen Sie dem Strön´wai weiter nach links, bis Sie kurz vor dem Tinnumer Campingplatz nach links in den Boy-Peter-Eben-Weg einbiegen. Sie kommen bei der Boy-Lornsen-Schule wieder auf die Geest (Tinnumer Kliff) und stehen an der Kreuzung mit der Straße Kampende vor dem Sitz des Landvogts, der Alten Landvogtei. Vor Ihnen liegt eines der ältesten und vermutlich das geschichtsträchtigste Gebäude der Insel. Jetzt wenden Sie sich an der Straße Kampende nach links und gehen nach Westerland zurück.

Den Spaziergang kann man am besten abrunden, wenn man nach 200 Metern am Bahnübergang Königskamp rechts abbiegt und zum tiefer gelegenen Bahndamm hinabgeht. Man darf sich vorstellen, dass in dieser Senke vermutlich bereits vor 1.000 Jahren Waren von einer Hafenanlage im Westen von Tinnum (TB = Tinnum-Burg) durch diesen sich nach Osten verzweigenden, schiffbaren Priel zu einem „Marktplatz" (M) auf der Geest des heutigen neuen Tinnumer Gewerbegebietes transportiert worden sind (Segschneider, 2009 und Karte 9).

Nördlich des Bahndamms treffen Sie auf die Keitumer Landstraße. Hier halten Sie sich nach links, Richtung „Alt Westerland". Vorbei an der dänischen (Stall-)Kirche im Südhedig sowie der alten Dorfkirche St. Nils führt ein ruhiger Weg zurück ins Zentrum der Inselhauptstadt.

Wanderung: Startpunkt Strandübergang „Himmelsleiter" am Westende der Straße Gaadt in der Gemeinde Sylt, Ortsteil Westerland; weiter zur Tinnum-Burg und der „Alten Landvogtei" in Tinnum mit Endpunkt Dorfkirche „St. Nils".

Geologie: Geest, Nehrungshaken, Marsch.

Archäologie: Tinnum-Burg, alte Deichreste, verlandete Priele, Spurensuche nach „Eidum".

Schwierigkeit: leicht, fünf Kilometer, zwei Stunden; Höhenunterschied: 22 Meter.

Startpunkt: N 54° 54´ 09´´   E 08° 17´ 50´´; Strandübergang 49; Aussichtsplattform in 22 Metern Höhe.

Karte 9: Die Priele in der Südermarsch könnten eine Handelsverbindung per Schiff zwischen der Tinnum-Burg (TB) und einem Markt (M) auf der Geest sichergestellt haben (verändert nach: geologische Karte Sylt, 1:25.000).

6. Fragen an den Geologen

Auf meinen geologischen Wanderungen habe ich festgestellt, dass häufig wiederkehrende Fragen bei Gästen wie Insulanern immer wieder für Unverständnis und Kopfzerbrechen sorgen.

Ich werde versuchen, auf die häufigsten Fragen eine Antwort zu geben.

Abb. 36: Kulturdenkmal Tinnum-Burg in der Südermarsch, Blickrichtung Nord.

Abb. 37: Deckwerk aus Basaltsäulen. Idiomorpher, dunkelgrüner Olivinkristall.

Wann zerbricht die Insel?

Gar nicht. Sande und Sandbänke können physikalisch nicht zerbrechen, der Sand könnte nur weggespült werden.

Der ehemals zusammenhängende Sylter Geestrücken ist während der letzten Jahrtausende viel kürzer und schmaler geworden. Er besteht derzeit aus drei Geestinseln, die seit der Eindeichung der Marsch miteinander verbunden sind. In den kommenden 1.000 Jahren könnte sich deren Zahl – eine vorhersehbare Klimaentwicklung vorausgesetzt! – durch den zu erwartenden Anstieg des Meeres noch vergrößern. Die Angst vieler Sylter, aber leider auch viel zu vieler Journalisten, Sylt könne nach Durchbrüchen der See nördlich von Kampen oder zwischen Rantum und Hörnum in einzelne Inseln zerrissen werden, ist unbegründet. Solange noch Geestkerne im Wattenmeer vorhanden sind, kann bei Sturm- und Orkanfluten auch zukünftig Sand aus den Kliffs herausgespült werden, der die Verluste an den Nehrungshaken wieder ausgleicht. Selbst bei einer Überflutung des Nehrungshakens entstehen nach wenigen Tagen neu aufgeworfene Strandwälle, die kleine Rinnen sofort abriegeln (Gripp, 1966). Dies Material dient auch den Sandbänken als Nachschub und zeitgleich zum Anstieg des Meeresspiegels wachsen die Wattsedimente durch Aufschlickung immer weiter nach oben.

Bereits Koehn (1951) hat aber darauf hingewiesen, dass quer durch Westerland, vom Café Seenot über den Bahnhof bis zur Tinnum-Burg „ein Gefahrenpunkt für einen möglichen Durchbruch des Meeres" liegen könnte. Der Grund ist eine mit Torf gefüllte Rinne, die bei extremen Sturmfluten schnell ausgeräumt werden könnte. 1923 hat dieser mächtige Torf die Bauingenieure dazu gezwungen, das Bahnhofsgebäude auf Hunderte Eichenpfähle zu gründen.

Geht die Insel wegen der Klimakatastrophe bald unter?
oder „Versinkt Sylt wirklich?" (Originaltitel einer Veranstaltung auf Sylt)

Ich habe bis jetzt vermieden, das Schlagwort „Klimakatastrophe" zu benutzen. Lassen Sie uns von klimatischen Veränderungen sprechen. Ich sage Ihnen auch, warum.

Eine richtige Katastrophe hatten wir – vielleicht – als die letzte Eiszeit vor knapp

10.000 Jahren zu Ende ging und sich die Temperaturen im Jahresmittel innerhalb von 40 bis 60 Jahren um etwa 2 bis 3 °C erhöhten. Von 1900 bis 2000 waren es „nur" 0,6 bis 0,7 °C.

Von einer klimatischen Katastrophe würden wir sprechen, wenn die Strahlungsintensität der Sonne sehr stark zu- oder abnehmen würde. Natürlich auch, wenn – bedingt durch Vulkaneruptionen auf der Erde – die Temperaturen über Jahre hinweg abnehmen würden oder aber der Treibhauseffekt – bedingt durch den starken Anstieg von Gasen wie Wasserdampf, CO_2, Methan oder anderen – zu einem bis jetzt noch nicht eingetretenen Anstieg der Temperatur von mehreren Grad Celsius in den nächsten 100 Jahren führen würde.

In der Deutschen Bucht ist der Meeresspiegel in den letzten 100 Jahren (1900 bis 2000) um etwa 25 Zentimeter angestiegen. Die Prognosen, was den zu erwartenden Anstieg des Meeres in den nächsten 100 Jahren angeht, sind sehr vage (siehe Kap. 2.2.5) und die vielen Messdaten des gelben Messpfahls vor Sylt wollen auch noch gesichtet und ausgewertet werden. Neuesten Erkenntnissen zufolge steigt der Meeresspiegel um 2,7 Millimeter pro Jahr. Also warten wir erst einmal ab und trinken in Ruhe eine Tasse Tee. In den nächsten Jahrhunderten wird sich die Gestalt Sylts nur unwesentlich verändern (Klatt, 2012).

Landet der ganze Sylter Sand auf Amrum?

Nein! Der Sand an der Sylter Westküste wird durch die Flut- und Ebbströmung vom Geestkern aus nach Nord und Süd verlagert. Man nennt das einen küstenparallelen Längstransport. Wenn der Sand die Hörnumer Odde erreicht, liegt zwischen Sylt und Amrum einer der tiefsten und stärksten Gezeitenströme des gesamten holländisch-deutsch-dänischen Wattenmeeres: das Amrum-Tief. Aufgrund der maximalen Strömungsgeschwindigkeiten von fast zwei Metern in der Sekunde hat der Sand keine Möglichkeit, auf direktem Wege hinüber auf den Amrumer Kniepsand zu gelangen, sondern er wird mit der Ebbströmung in Richtung Südwesten auf die Sandbänke Theeknobsand und Jungnamensand verdriftet bzw. füllt das Wattgebiet zwischen Sylt und dem Festland weiter mit Sand auf (Karte 10). Der Kniepsand ist mit dem Sylter Strand insofern nicht zu vergleichen, weil es sich dabei um eine ehemalige Sandbank handelt, die erst nach dem Jahr 1900 an die Insel Amrum angelagert wurde und den alten Kniephafen in Norddorf verlanden ließ.

Sandkuhle am Morsum Kliff.

Kann man nicht das Watt eindeichen, um Landverluste an den Inselenden auszugleichen?

Sicherlich. Es wäre ohne weiteres möglich, die heute etwa 99 Quadratkilometer große Insel (Puristen bezeichnen Sylt aufgrund der 1927 erfolgten Dammanbindung an das Festland als Halbinsel) durch konsequente Eindeichungspolitik nördlich und südlich des Damms sowie vor Keitum und Rantum auf einen Schlag um 10 bis 20 Quadratkilometer neuen Koog, also eingedeichte Marsch, anwachsen zu lassen. Zum jetzigen Zeitpunkt sprechen sich sowohl die Wasserbauer als auch die Insulaner gegen eine Eindeichung aus, und aufgrund der Gesetze des Nationalparkgebietes Schleswig-Holsteinisches Wattenmeer verbietet sich eine für den Menschen nicht lebensnotwendige Eindeichung ohnehin. Eine Eindeichung ist also weder gewünscht, noch wäre sie gesetzeskonform durchführbar.

Ist das schwarze Zeug am Strand lauter Schmutz?

Nein. Der dunkle Saum am Strand besteht aus anorganischem Material, das durch die Kraft der Welle oder des Windes aufgrund seines spezifischen Gewichts von mehr als 2,9 Gramm pro Kubikzentimeter von den leichteren Quarzkörnern (2,65 Gramm pro Kubikzentimeter) getrennt worden ist. Es handelt sich um eine Schwermineralseife oder Strandseife (siehe Kap. 3).

Am Strand findet man oft Basalt. Stammt der von Sylt?

Nein. Die Basaltsäulen, die Sie auf Sylt hauptsächlich am Strand als Uferschutz-Deckwerk finden, stammen fast alle aus dem Rheinland. Dieser Basalt, der oft sehr schöne, hellgrüne bis dunkelgrüne und bis 10 Zentimeter große Olivinkristalle enthält (Abb. 37), hat sich als sehr witterungsbeständig erwiesen und wird deshalb sehr gerne im Küstenschutz eingesetzt. Die gesamte Böschung des Hindenburgdamms ist mit Basaltsteinen gegen Unterspülung gesichert (Dammfußsicherung).

Warum ist die Nordsee salzig?

Wieder einmal müssen Sie den Zeitfaktor zu Hilfe nehmen. Die gesamte Salinität (Salzgehalt) von ca. 3,4 Prozent, die wir heute im Meer vorfinden, ist über ganz lange Zeit durch die Flüsse eingeleitet worden. Die Flüsse führen Süßwasser, das heißt, ihr Gehalt an gelösten Stoffen ist sehr gering. Durch die permanente Verdunstung, die im Meer stattfindet, hat sich über Jahrmillionen hinweg ganz allmählich mehr und mehr Salz in den Ozeanen angereichert. Im Gegensatz zu Wasser kann Salz nicht verdunsten, es kann sich höchstens als Kruste ablagern, falls der gesamte Ozean austrocknen sollte. So stellt man fest, dass der Salzgehalt in den Weltmeeren anfangs sehr gering war, immer wieder großen Schwankungen unterliegt und generell mit dem Alter der Erde zunimmt. Da die Nordsee mit einer Größe von 570.000 Quadratkilometern ein Randmeer des Atlantiks ist und statistisch ihren gesamten Inhalt einmal pro Jahr austauscht, hat sie annähernd die gleiche Salinität wie die Weltmeere.

Woher kommt das Trinkwasser auf Sylt?

Das Trinkwasser sammelt sich als Regen-Sickerwasser in den Kaolin-Quarz-Sanden auf der Geest zwischen Westerland und Kampen (Karte 5). In Flachbrunnen wird das sehr weiche Wasser aus einer Tiefe von 20 bis 30 Metern hochgepumpt, grob gefiltert und anschließend in die Hausleitungen eingespeist (siehe Kap. 3).

Verträgt die Sylter Grundwasserlinse noch mehr Gäste?

Jein. Um das sogenannte Atlantis-Hochhaus, ein geplantes Gebäude mit 30 Stockwerken und Platz für etwa 1.500 Gäste bei einer Bürgerbewegung 1971 zu Fall zu bringen, wurde argumentiert, die Wasserversorgung der Insel könne den zu erwartenden Mehrverbrauch nicht verkraften. Heute, mehr als 40 Jahre danach, hat sich die Zahl der Gäste inselweit um ein Vielfaches von 1.500 erhöht, ohne dass bis heute die Wasserversorgung als gefährdet anzusehen wäre. So darf also jeder – fair enough – diese Frage nach eigenem Kalkül mit ja oder mit nein beantworten. Ein Ende der gesamtinsularen Trinkwasser-Verfügbarkeit in näherer Zukunft ist allerdings bei weiter steigenden Gästezahlen nicht auszuschließen und somit absehbar.

Ist der Hindenburgdamm schuld an den Landverlusten der Hörnumer Odde?

Generell geantwortet: nein. Sonst müsste ja auch der Lister Ellenbogen nach dem Dammbau 1927 betroffen sein. Natürlich stellt der Bau eines überflutungssicheren Damms an der Wattwasserscheide zwischen Morsum auf Sylt und dem Festland einen enormen Eingriff in die bestehenden Strömungsverhältnisse im Watt dar.

Zwei Dinge sind dabei vorrangig zu betrachten: Erstens hat der Dammbau die Verschlickung in der Keitumer und der Rantumer Bucht stark beschleunigt und die alten Priele (Watt-Wasserläufe) sind schnell versandet.

Zweitens kommt es bei Hochwasser zwangsläufig zu unterschiedlichen Wasserständen am Hindenburgdamm. Bei Nordwestwind ist der Wasserstand auf der Nordseite unnatürlich höher, bei Südwestwind dagegen auf der Südseite. So läuft bei eintretender Ebbe entweder mehr oder weniger Wasser aus den jeweiligen Buchten zurück in die Nordsee als vor dem Bau des Damms.

Unter dem Strich sollten sich beide Effekte jedoch ausgleichen.

Das Längenwachstum des südlichen Nehrungshakens bis zur Hörnumer Odde kam erst nach 1967 zum Stillstand, also über 40 Jahre nach der Fertigstellung des Damms. Die starke Verkürzung der Hörnumer Odde begann unmittelbar nach dem Bau des Tetrapoden-Querwerkes im Jahre 1968, dann allerdings sofort in rasantem Tempo.

Der Plan, Dämme zwischen den Inseln Amrum und Föhr bzw. zwischen der Insel Föhr und dem Festland zu bauen, wie von einigen Kommunalpolitikern Anfang des 21. Jahrhunderts gefordert, steht nicht in Einklang mit den Zielen des Küstenschutzes im Nationalpark und ist deswegen fallen gelassen worden, genauso wie die Idee eines Sicherungsdammes von der Marschinsel Pellworm zum Festland.

Fragwürdiges „Kunstwerk" am Ellenbogen.

7. Geologisches Lexikon

Aufschluss: sichtbarer Ort an der Erdoberfläche oder unter Tage, an dem natürliche Sedimente oder Gesteine unverhüllt zutage treten. Aufschlüsse können durch die Kräfte der Natur oder das Wirken des Menschen geschaffen werden. Typische Aufschlüsse sind Felsklippen, Prallhänge an Flussbetten, Erosionsterrassen, Steinbrüche, Tunnelbohrungen, Kliffe, Sandgruben oder Kieskuhlen.

Bernstein: Brennstein(!): $C_{10}H_{16}O$: in der Regel gelbliches bis bräunliches fossiles Baumharz aus alttertiären Nadelhölzern. Es ist brennbar, sehr leicht, beim Reiben elektrisch und wird gerne als Schmuck verarbeitet. B. enthält oft Einschlüsse von Insekten. Sein Hauptvorkommen ist an der Bernsteinküste bei Königsberg (Ostpreußen), daher auch das Bernsteinzimmer im Katharinenpalast in St. Petersburg. B. ist während der Eiszeit als Geschiebe bis an die Nordsee verfrachtet worden.

Buhne: senkrecht zur Küste verlaufendes, ans Land eingebundenes Bauwerk, das entweder der Landgewinnung dient oder zum Schutz des Ufers, der Dünen und des Kliffs errichtet wurde. An der Westküste Sylts stehen Strandbuhnen in Form von Einwandbuhnen, Kastenbuhnen oder Flachbuhnen. Das Tetrapoden-Querwerk vor Hörnum stellt eine hohlraumreiche B. aus Betonformkörpern dar. Oft werden die Buhnen an der Westküste der Insel als Wellenbrecher bezeichnet. Das ist falsch (s. Definition von Wellenbrecher); um für den Strand als Wellenbrecher zu fungieren, müssten sie um 90° gedreht gebaut worden sein, also parallel zum Strand.

Deich: aufgeworfener Wall entlang von Flussufern und Meeresküsten zum Schutz vor Überflutung des dahinter liegenden Landes. See- und Flussdeiche zum Schutz von tief liegenden Marschen besitzen oft eingebaute Sieltore, durch die die Entwässerung des Binnenlandes reguliert wird. Die Siele funktionieren nach der Art von Ventilen – die Tore öffnen sich, wenn außen (bei Ebbe) der Wasserstand niedriger ist, als in den Wasserläufen des Binnenlandes. Der Wasserdruck lässt die Tore aufgehen und das Wasser strömt nach außen. Umgekehrt werden bei auflaufendem Wasser (Flut) die Tore durch den Druck des anströmenden Wassers wieder geschlossen.

Deichverkürzung: Eindeichung alter, schon von Deichen umfasster Buchten und Meeresarme mit dem Ziel, die dadurch verkürzte Deichlinie kostengünstiger

Abb. 38: Geestkern auf der Insel Texel.

Abb. 39: Tetrapoden - ein Patent der Universität in Grenoble, Frankreich. Hier stehen sechs Tonnen schwere Vierfüßer als Symbol für den Schutz an deutschen Küsten. Zu bewundern waren sie bis 2012 auf dem Vorplatz des Bremer Hauptbahnhofs.

Abb. 40: Biotechnischer Küstenschutz im Sand: Strandhafer (ammophila arenaria) und Kamtschatkarose (rosa rugosa).

zu unterhalten und im Falle einer Sturm- oder Orkanflut besser verteidigen zu können.

Düne: vom Wind aufgewehter Sandhügel, der meist aus Quarzkörnern besteht, mit einer Höhe von wenigen Zentimetern (Embryonaldüne) bis über 34 m Höhe, wie bei den großen Wanderdünen im Listland. Unbewachsene Sanddünen werden bis 1,5 m Höhe als Primärdünen, danach als weiße Dünen bezeichnet; Richtung Osten folgen die graue und anschließend die braune D. Die Farben beziehen sich auf die Vegetation. Nach der Versandung der Ortschaften Alt-Rantum und Alt-List wurden viele Wanderdünen durch Bepflanzung mit Strandhafer (ammophila arenaria) erst ortsfest gemacht, um den Menschen ein dauerhaftes Wohnen zu ermöglichen.

Entsteht in einem vegetationsbedeckten Altdünengebiet ein Windriss, so spricht man von einer Anti-Düne. Starke Sandwanderung und Sandausblasung sind die Folge.

Eistektonik: Verformung oder Hochschuppung des gefrorenen Untergrundes durch Eisdruck oder Vergletscherung (Beispiel: Stauch-Endmoräne Morsum Kliff).

Eiszeit: Glazial: Abschnitt der Erdgeschichte, in dem infolge des Klimas größere Gebiete der Erdoberfläche von vorrückenden Gletschern bedeckt werden. Die letzte bedeutende E. war die pleistozäne Vereisung an vielen Orten der Erde vor 1.500.000 bis 10.000 Jahren vor heute. Allein in der letzten Million Jahre unserer Erdgeschichte hat es mindestens 10 bis 15 einzelne Abkühlungsphasen (Kaltzeiten) mit entsprechend vielen eingeschalteten Warmzeiten gegeben (Tab. 4).

Endmoräne: an der Gletscherstirn angehäuftes, unsortiertes Gesteinsmaterial. Zum Teil über 100 m mächtig. Bei mehrmaligem Gletschervorstoß entsteht eine Stauch-Endmoräne.

Erosion: Abbau einer bestehenden Landoberfläche durch die zerstörerischen Kräfte von Wasser, Eis oder Wind.

Feuerstein: Flint: „chert": dichtes, hartes, kieseliges Gestein aus Chalcedon und Opal, entstanden bei der Diagenese (Verfestigung, Umformung) von Sedimentgestein (oft Kreide) durch Auflösung von Kieselorganismen wie Diatomeen und anschließender Wiederausfällung von amorphem, krypto-kristallinem SiO_2. Der F. bildet oft Knollen und Lagen und zerspringt mit muscheligem Bruch. Die schwarzblauen, braunen oder hellen Knollen enthalten vereinzelt Fossilien, außen haben sie häufig eine weiße Kruste. F. ist als Leitgeschiebe für den Ostseeraum mit den Gletschern transportiert worden. Die südlichste Verbreitung des F. wird als Feuerstein-Linie bezeichnet und markiert die Eisrandlage der skandinavischen Vereisung.

Findling: „Stein mit einer Spur zum Ursprung" (Kluge, 1975): erratischer Block: in Norddeutschland generell: großer, ortsfremder Felsblock, bis über 100 Tonnen schwer, der durch Gletscher aus seinem Ursprungsgebiet in Skandinavien bis zu seinem heutigen Fundort transportiert wurde.

Fossilien: versteinerte Reste (Gehäuse, Skelette, Gerüste, manchmal sogar durch Einschließung oder Abdruck konservierte Weichteile) von Organismen, Zeugen einer nicht mehr lebenden Tier- und Pflanzenwelt. Sie kommen auf Sylt in allen Gesteinsformationen vor; zum Beispiel im Geschiebe als verkieselte Seeigel aus der Schreibkreide oder als verkieselte Schwämme (spongien) im Kaolinsand.

Geest: Hohe Geest: Altmoränenlandschaft mit höher gelegenen, trockenen, unfruchtbaren Flächen. Die G. besteht aus meist sandigen Ablagerungen der älteren Eiszeiten, dem Geschiebemergel oder Geschiebelehm. Die drei Geestinseln in Nordfriesland sind Sylt, Amrum und Föhr. Im westlichen Wattenmeer besitzt nur die niederländische Insel Texel einen kleinen Geestkern (Abb. 38).

Geestkern: von den früheren Gebieten der alteiszeitlichen Geest isoliert in der Marsch oder im Wattenmeer liegende, oft nur wenige Hektar große Fläche aus Sand- und Heideboden. Die Insel Sylt besteht aus drei Geestkernen (Westerland-Kampen-Keitum; Archsum und Morsum), die durch Eindeichung miteinander verbunden sind.

Geochemie: Wissenschaft von der chemischen Zusammensetzung und den chemischen Veränderungen der Minerale und Gesteine auf der Erde. Untersuchung der Gesetzmäßigkeiten zwischen Chemismus, Druck, Temperatur und der notwendigen Zeit, nach denen sich Gesteine, Minerale und Lagerstätten bilden oder verändern.

Geografie: Erdkunde: Erdbeschreibung: Erforschung der Landschaftsformen und der Länder, wie zum Beispiel in der Kulturgeografie oder der Siedlungsgeografie. Beschreibung der äußeren Erde und der Geomorphologie.

Geologie: Wissenschaft vom Aufbau, der Zusammensetzung und Entwicklung der Erde, besonders der Erdkruste und der sie bewohnenden Lebewesen in erdgeschichtlicher Zeit. Die Meeresgeologie beschäftigt sich mit dem Aufbau, den Bildungsbedingungen und der Geschichte submariner Gesteine. Im Wattenmeer gilt das Hauptinteresse der Sedimentation und der Strömungsdynamik sowie der Wechselwirkung mit Lebewesen im oberflächennahen Substrat.

Geophysik: Lehre von der indirekten Erkundung des inneren Aufbaus eines (Erd-)Körpers. Neben der Messung des Erdmagnetismus wird durch Reflektions- und Refraktions-Seismik sowie Geo-Elektrik der unterschiedliche und oft schalenförmige Aufbau des Erdinneren mit seinen Diskontinuitäten erforscht: Schalenmodell der Erde.

Geotop: Geotope sind erdgeschichtliche Objekte, die geeignet sind, Kenntnisse über die Entstehung und Entwicklung der Erde und des Lebens auf ihr zu vermitteln. Sie spiegeln besonders anschaulich einen Ausschnitt aus der unendlichen Geschichte des Werdens und Vergehens von Meeren und Kontinenten in mehr als vier Milliarden Jahren wider.

Deutschlandweit gibt es etwa 12.000 Geotope. Dabei handelt es sich um natürliche oder durch menschliches Wirken entstandene Gesteinsaufschlüsse, um Landschaftsformen oder um Erscheinungen in einem größeren Gesteinsverband, in denen geologische Kräfte oder vorzeitiges Leben sichtbare Spuren hinterlassen haben.

Die Landschaftsästhetik eines Geotops birgt oft ungeahntes ökonomisches Potenzial in Bezug auf Tourismus und Naherholung (Look, Quade, 2007). Somit dient die Vergabe des Titels „Geotop" auch gleichzeitig der thematischen Belebung des Tourismus in Deutschland: Geo-Tourismus. Die Insel Sylt ist einer der wenigen Orte in Deutschland, der mit dem „Morsum Kliff" und der „Wattenmeerküste an der Nordsee" gleich zwei Geotope vorweisen kann, die zudem 2006 zu den 77 bedeutendsten Geotopen Deutschlands erklärt worden sind.

Geschiebe: Gesteinsbrocken, die vom Gletschereis über Hunderte Kilometer geschoben worden sind. Wenn der Herkunftsort eines Gesteins aufgrund seiner typischen Zusammensetzung rekonstruiert werden kann, spricht man von einem Leitgeschiebe. Geschiebe wurden früher auf Sylt gesammelt, wir finden sie in den alten (!) Friesenwällen. Das Material neuer Wälle ist meist inselfremd und stammt aus Kiesgruben sowie der Nord- und Ostsee.

Geschiebelehm: kalkfreier Geschiebemergel. Die Entkalkung vollzog sich seit dem Ende der Saale-Eiszeit vor 200.000 Jahren durch Auslaugung mittels Regen- und Sickerwasser.

Geschiebemergel: Summe an unsortierten Tonen, Sanden, Kies, Steinen und Findlingen mit kalkigen Beimengungen, welche die Eisströme aus Skandinavien ursprünglich als Jungmoräne ablagerten und die sich seither zur Altmoräne verfestigt und eingeebnet haben.

Glimmer: Gruppe blättchenartiger Schichtsilikate, zu denen auch der im Glimmerton am Morsum Kliff vorkommende Hellglimmer Muskovit (Moskauer Glas) gehört.

Goethit: Nadeleisenerz: FeOOH, braun bis lichtgelb.

Hallig, von hallan (indogerm. für Salz:, Salzkruste, vgl. Hallstatt, Halle): uneingedeichte Marschinsel, die bis 1,5 m über THW liegt und nur bei Sturmflut überspült wird („Land unter"). Durch diese Überflutung wird die Hallig mit neuem organischem und anorganischem Sediment versorgt und wächst. Diesen Prozess bezeichnet man als Aufschlickung. Küstennahe Aufschlickungen mit ihrem Bewuchs werden „Anwachs" genannt.

Halligland, auf altfriesisch Grode oder Groden, kann ausschließlich in Küstenregionen mit geringer Morphologie entstehen. Es handelt sich dabei um Schwemmland, das beim Vorhandensein von Vegetation bei jeder neuen Überflutung („Land unter") Sinkstoffe wie Tone, Feinsand und abgestorbene Pflanzenteile aus dem Meerwasser fängt und mit deren Hilfe an Höhe gewinnt und wächst. Beschleunigt wird dieser Prozess, wenn die Höhenunterschiede zwischen Meer und Land gering sind und gleichzeitig der relative Meeresspiegel über einen längeren Zeitraum konstant bleibt bzw. nur geringfügig sinkt oder steigt.

Da das Entstehen von Halligland unmittelbar mit dem Vorhandensein von lebender (Salzwiesen-)Vegetation einhergeht, ist seine Existenz auf nur wenige Prozent der Schwemmlandflächen im Wattenmeer begrenzt. Somit bildet Halligland entweder Salzwiesen vor dem Festland und auf (Geest-)Inseln oder existiert isoliert in der Nordsee als Hallig, wie – einzigartig auf der Welt – Gröde, Habel, die Hamburger Hallig, Hooge, Langeness, Nordstrandischmoor, Norderoog, Oland, Süderoog und Südfall.

Heute sind die Halligen meist von einem Steinwall, dem sogenannten Sommerdeich, zum Schutz vor Erosion und Landverlusten umgeben. Sie werden nur noch bei Sturmfluten ab einem Wasserstand von mehr als 1,5 m über THW überflutet, was zu „Land unter" führt. Durch diese Überflutungen kann ein Höhenwachstum bis zu einem Zentimeter pro Jahr stattfinden.

Harter Küstenschutz: Bau starrer und unflexibler Bauwerke wie Dämme, Deiche, Wehre, Sperrwerke, Buhnen, Mauern, Deckwerke o. ä. Hauptproblem beim H. sind Unterhaltskosten, Fußsicherung gegen Unterspülung und am Ende eines jeden Bauwerks die Lee-Erosion.

Isostasie: das Einspielen eines Schweregleichgewichtszustandes einzelner Schollen der Erdkruste. Bedingt durch die hohe Eisauflast war Skandinavien bis vor 10.000 Jahren tief in die untere Erdkruste hineingedrückt und taucht nach dem Abtauen der Gletscher mit mehreren Millimetern pro Jahr aus der Erdkruste heraus auf. Dieser Prozess wird auch in Zukunft andauern, könnte aber in einigen tausend Jahren deutlich abnehmen.

Kaolin: ursprünglich Berg in China, wo zuerst Porzellantonerde gefunden wurde. Im englischen heißt Porzellan deshalb immer noch „china". Dieser Rohstoff für die Porzellanherstellung fehlt im Sylter Kaolinsand leider fast vollständig.

Kies: Lockergestein mit Korndurchmessern von zwei mm bis sechs cm; über sechs cm: Steine.

Kliff: friesisch: Klef: durch das anbrandende Meer geformte Brandungshohlkehle; Steilufer.

Küstenschutz: Gesamtzahl von Maßnahmen zur Festigung und zum Erhalt einer Küstenlinie, sei es zum Schutz für Mensch und Gebäude oder auch aus wirtschaftlichen sowie naturschützerischen Gründen (Abb. 11, 40, 41).

Lee-Erosion: Ausräumung von Material (meist Sand) auf der strömungsabgewandten Seite eines Bauwerks wie zum Beispiel einer gemauerten Strandpromenade, einer Buhne oder einer Tetrapode. L. kann auf Sylt an jeder Buhne beobachtet werden, am auffälligsten am Tetrapoden-Querwerk (Buhne) vor Hörnum sowie an Bauwerken am Ellenbogen in List (Abb. 7 und 8).

Abb. 41: Starres Küstenschutz-Bauwerk in Form eines Landesschutzdeichs in List: der Mövenbergdeich (2012).

Abb. 42: Torf am Weststrand von Rantum. Durch die Überwanderung des Nehrungshakens von West nach Ost kommt der Torf des östlich gelegenen Wattenmeeres nach Sturmfluten am Weststrand zum Vorschein.

Abb. 43: Torf am Watt bei Rantum.

Sturmflut

Seilbahngondel

Limonit: Brauneisenerz: braun. Mischung aus Goethit und Hämatit (Fe_2O_3).

Marsch: durch Sedimentation (Aufschlickung) des Meeres einsetzende Verlandung des Watts an Flachmeerküsten. Durch Überflutung („Land unter") erhält der fruchtbare Wattboden zusätzliche, mit organischem Material angereicherte sandige und tonige Ablagerungen und wächst somit über den Meeresspiegel hinaus. Die uneingedeichte Marsch wird als Salzwiese oder Hallig, vor den Deichen auch als Vorland bezeichnet, eingedeicht als Koog oder Polder.

Mineralogie: Lehre von der Chemie, Struktur und Kristallform eines kleinsten, chemisch einheitlichen, natürlichen Bestandteils der Erdkruste. Beispiel: Mineral; Kristall.

Moräne: Gesteinsschutt, der vom Gletscher mitgeführt und nach dem Abtauen abgelagert wird. Unterteilung in Grund-, Seiten- und Endmoräne.

Nacheiszeit: Postglazial: Holozän: Zeitraum seit dem Ende der letzten Vereisungsphase, der Weichsel-Eiszeit vor 10.000 Jahren. Unter der Annahme, dass auf die Nacheiszeit mit 50-prozentiger Wahrscheinlichkeit eine weitere Kaltzeit folgt, darf man die Jetztzeit, also die Nacheiszeit, selbstverständlich auch als Zwischeneiszeit oder als Warmzeit bezeichnen.

Nehrungshaken: schmaler Sandstreifen, der durch küstenparallelen Sandtransport mit der Strömung von Kampen gen Norden und von Westerland nach Süden aufgebaut wird. Durch Abbrüche am Roten Kliff werden die Sandhalbinseln mit neuem Sand weiter „genehrt" und können sich deshalb trotz Meeresspiegelanstiegs und Küstenrückgangs auch in Zukunft erhalten.

Priel, Piep, Ley: bach- oder flussartige Rinne im Watt. Priele bilden die Hauptwege für das bei Flut und Ebbe ein- und ausströmende Meerwasser. Sie können auch bei Tideniedrigwasser noch wassergefüllt sein. Vor ihrer Mündung ins Meer liegt meist eine Sandbank. Ein schiffbarer P. heißt Tief oder Aue.

Quartär: Eiszeiten und Nacheiszeit seit 1,5 Millionen Jahren vor heute. Das Q. umfasst in Norddeutschland mindestens drei große Vereisungsperioden, die jeweils durch lang anhaltende Warmzeiten unterbrochen wurden (Pleistozän) sowie die seit 10.000 Jahren andauernde Nacheiszeit, das Holozän. Seit etwa 2.500 Jahren leben wir in einer Zeit, die geologisch als Subatlantikum bezeichnet wird (Tab.2).

Regression: Rückzug des Meeres, direkt verbunden mit einem längerfristigen Sinken des Meeresspiegels.

Riff: nur an sandigen Küsten: typische, fast symmetrische Struktur, die sich in Abhängigkeit von Wellenlänge und Wellenhöhe bei Sturm oder Orkan vor der Küste aufbaut. Das etwa 400 m vor Sylt liegende R. ist bei Niedrigwasser und Westwind sehr gut an der Gischt der sich brechenden Wellen zu erkennen und stellt einen Wellenbrecher dar.

Rippel: Wellenfurche: durch Wind oder Wellen erzeugte, meist asymmetrische Strukturen auf dem Land oder unter Wasser. Sandrippel können Vorstufen von Dünen sein, Wellenrippel entstehen in Abhängigkeit von der Wellenhöhe und der Wellenlänge, ihre größten Formen können bis zur Barre oder zum Riff führen.

Sand: klastisches Lockergestein mit Korndurchmessern von 0,02 bis 2 mm. Feinsand: 0,02 bis 0,2 mm; Mittelsand: 0,2 bis 0,6 mm (Sylter Strandsand und Dünensand); Grobsand: 0,6 bis 2 mm. Die Bestimmung der einzelnen Korngrößen erfolgt durch Sieb-Analytik im Labor.

Sandaufspülung: Einbringen von Fremdsand aus einem Entnahmegebiet in ein ortsfestes System, in dem durch physikalische Einwirkung Sandmangel herrscht bzw. an einen Ort, der neu geschaffen werden soll. Auf Sylt dienen S.en hauptsächlich dem Ersatz von Strandsubstanz nach Sturmfluten. Die durch einen Hopperbagger auf den Strand und vor die Dünenkette und das Kliff aufgespülten Sandmengen werden von den Ingenieuren als Verschleißbauwerk oder als künstliche Düne bezeichnet. Die S.en bezeichnen einen Puffer zwischen Nordsee und Insel.

Sandbank: Sandbarre: Schorre: (Sand-)Plate: über die Hochwasserlinie hinausragende Sandanhäufung. Sie unterliegt saisonal starken Schwankungen, verändert häufig ihre Lage, kann größer oder auch kleiner werden. Beispiele für große, ehemalige Sandbänke in Nordfriesland: Kniepsand vor Amrum; Insel Röm in Dänemark.

Sandvorspülung: Verklappen von Fremdsand aus einem Entnahmegebiet in die offene, tiefere Nordsee. Wird vor Sylt praktiziert, in der Hoffnung, die zunehmende Versteilung vor einer künstlich verfelsten bzw. durch defizitäre Sandaufspülungen gesicherten Küstenlinie, auszugleichen. Des Weiteren wird erwartet, dass sich das natürliche Sandriff vor der Westküste stabilisieren werde.

Salztektonik: durch Halokinese (Salzaufstieg) eingeleitete gebirgsbildende Prozesse, wobei wie bei der Insel Helgoland, riesige Gesteinspakete über mehrere Kilometer nach oben transportiert und dort abgelagert werden. Der Salzaufstieg führt oft zu Strukturen wie Diapiren, unter deren Flanken sich Erdöl und Erdgas sammeln können: Erdölfalle.

Salzwiesen: vor den Küsten des Festlandes und der Inseln sowie auf den Halligen gelegenes Schwemmland oder Halligland. Dieses nicht eingedeichte Land zeigt als Bewuchs typische Salzpflanzen und geht landeinwärts, wenn keine Salzwassereinwirkung mehr stattfindet, in Reetbestand über. Durch Überflutungen wachsen die S.en auch bei steigendem Meeresspiegel nach oben. Typischer Rastplatz für Ringelgänse.

Schelfmeer: typische S.e oder Flachmeere sind Nordsee und Ostsee, die im Gegensatz zu den Ozeanen (Tiefsee) nur periodisch meeresbedeckte Teile des Kontinentalsockels darstellen. Die Durchschnittstiefen von Nord- und Ostsee betragen 90 bzw. 60 m.

Schlick: (von „gleiten"): feinkörnige, schlammartige Ablagerung im Watt, die einen hohen Anteil an organischen Bestandteilen aufweist. Etwa ein Drittel der Watten sind aus Schlick aufgebaut, der Rest sind Sandwatt und Mischwatt. S. wird auf Sylt in der Keitumer Bucht gewonnen und für medizinische und therapeutische Zwecke (Schlickpackungen) genutzt.

Sediment: Bezeichnung für häufig lagig geschichtete Absatzgesteine, die durch Ablagerung (Sande, Tone) oder Ausfällung (Salze) gebildet werden.

Sedimentologie: Lehre von der Ablagerung und Umschichtung von Lockermaterialien auf der festen Erde, in Flüssen, Seen und im Meer. Die Erforschung erfolgt hauptsächlich vor Ort, aber auch im Labor in Strömungskanälen oder mit Rechenmodellen per Computer-Simulation.

Seitenmoräne: links und rechts der Gletscherzunge aufgehäufter Gesteinswall.

Stöpe: Deichdurchlass, Deichscharte; Durchlass, meist für den Straßenverkehr, im Verlauf eines durchgehenden Schutzdeiches. Die S. kann und muss bei Gefährdung von Personen und Sachgütern mit einer Doppelbohlenreihe sowie dazwischenliegenden Sandsäcken kurzfristig geschlossen werden. S.n werden vorwiegend in alte Mittel- oder Schlafdeiche eingebaut, das heißt, in Sicherungen durch die zweite oder dritte Deichlinie im Binnenland. Im Hauptseedeich wird in ihr allerdings eine Gefahrenstelle bei Sturmfluten gesehen.

Tetrapode: Sechs Tonnen schwerer vierfüßiger Betonformstein. Als Buhne verlegt, stellt sie eine hohlraumreiche Variante zu Buhnen aus Gesteinsblöcken dar.

Tertiär: „die dritte Zeit"; 65 bis 1,5 Millionen Jahre. Zeitraum seit dem Aussterben der Dinosaurier bis zum Beginn der Eiszeiten. Die Zeit wird geprägt durch einen Klimawandel ab acht Millionen Jahren vor heute von mediterran warm nach arktisch kalt. Der Mensch lebt seit Ende des Tertiärs auf der Erde.

THW: Tidehochwasser, auf Sylt etwa 90 cm über NN.

Tide: Schwankung des Wasserstandes an der Küste und im Meer zwischen den beiden Extremen Hochwasser und Niedrigwasser. Hervorgerufen durch wechselnde Anziehungskräfte von Sonne und Mond sowie die Zentrifugalkraft der sich drehenden Erde.

Tidenhub: Höhenunterschied zwischen Hoch- und Niedrigwasser; vor Sylt ca. 1,90 m; vor der dänischen Westküste beträgt der mittlere T. oft weniger als einen Meter; in Husum 3,5 m; an der englischen Südwestküste 11 m. Den höchsten T. gibt es an der kanadischen Atlantikküste in der Fundybay in Neuschottland mit 14 bis 15 m. In der Ostsee, die nur über das Kategatt einen Wasseraustausch mit dem Atlantik hat, beträgt der T. in Schleswig-Holstein nur 11 cm.

TNW: Tideniedrigwasser, auf Sylt etwa 90 cm unter NN.

Ton: klastisches Lockergestein mit Korndurchmessern bis 0,002 mm. Körner kleiner 63 μm (0,063 mm) bleiben lange in Schwebe und können als Schlämmkorn im Wasser allein durch Dichteänderung (Aräometer-Bestimmung) im Labor nachgewiesen werden.

Torf: Anhäufung von abgestorbenen organischen Substanzen (Humus) im Moor, die durch biochemische Umwandlung (Inkohlung) verfestigt worden sind. Durch Übersandung alter Vegetation ist T. auf Sylt am Rantumer Watt, südlich Rantum am Weststrand und am Königshafen in List zu finden (Abb. 42 und 43). Früher wurde Torf großflächig zum Heizen gestochen und zur Gewinnung von Salz aus Salztorf abgebaut.

Transgression: Vorrücken des Meeres in Landgebiete; andauernde Überflutung durch Meeresspiegelanstieg.

Wanderdüne: vegetationslose oder nur spärlich bewachsene Düne, die durch Sandflug ab etwa Windstärke 5 ihre Form und ihre Lage verändert. Dieser Dünentyp (Urdüne) stellt für besiedelte Gebiete eine große Gefahr dar, da sie pro Jahr um wenige Meter (W. höher 30 m) bis über 100 m (niedrige W.) wandert.

Warmzeit: Interglazial: Zwischeneiszeit: Zeitraum zwischen zwei Vereisungsphasen mit zum Teil sehr warmem, ariden Klima. Das Temperaturmaximum war teilweise deutlich höher als heute (Tab. 4).

Watt (von waten): amphibische Fläche im Küstenbereich des Gezeitenmeeres, die bei Hochwasser überflutet ist, bei Niedrigwasser jedoch zum Teil oder vollständig trocken fällt. An der nordfriesischen Küste kann das W. auch Haff genannt werden, abgeleitet vom friesischen Wort „heef" für Meer, Wattenmeer; vgl. dän. „hav". Das W. wird von Gezeitenströmen und Prielen (Rinnen) durchzogen. Als Sedimente treten auf: Sand (Sandwatt), Schlick (Schlickwatt) oder ein Gemisch aus beiden: Mischwatt.

Das größte zusammenhängende W. der Welt erstreckt sich von Den Helder in Nordholland über Niedersachsen und Schleswig-Holstein bis nach Esbjerg in Dänemark. Das über 4.400 km² große Watt vor der Küste Schleswig-Holsteins wurde 1985 zum Nationalpark Schleswig-Holsteinisches Wattenmeer erklärt und ist Teil des Geotops „Wattenmeer an der Nordseeküste". Dies Geotop ist im Jahr 2009 von der UNESCO zum Weltnaturerbe erklärt worden. Aufgrund zahlreicher Siedlungsspuren im Watt wird weiter angestrebt, zusätzlich eine Anerkennung als Weltkulturerbe zu erfahren.

Wattenmeer: Gesamtfläche der vor dem Kliff bzw. den Deichen am Festland liegenden seewärts flach abfallenden Gezeitenküste (Ut(h)lande), die das Watt, die Inseln, Halligen, Sandbänke und Priele umfasst und seeseitig bei der 10 m Tiefenlinie endet. Auf Höhe der Hallig Langeness erreicht das Wattenmeer mit 40 km die größte Breite aller Wattgebiete weltweit.

Sylt ist Teil des seit 1985 bestehenden Nationalparks Schleswig-Holsteinisches Wattenmeer (4.400 km²), der 2009 von den Vereinten Nationen (UN) zum Weltnaturerbe ernannt wurde.

Das gesamte Wattenmeer in der Deutschen Bucht erstreckt sich über eine Länge von 500 km von der Stadt Den Helder in Nord-Holland bis Esbjerg in Dänemark und ist das größte zusammenhängende Wattgebiet der Erde und eine der letzten großen, zum Teil noch unberührten Naturlandschaften Mitteleuropas. Es hat eine Größe von mehr als 13.000 km^2; pro Tide fließen zusätzliche 15 km^3 Salzwasser ins Wattenmeer. Somit verdoppelt sich die gesamte Wassermasse bei Hochwasser von 15 km^3 auf etwa 30 km^3.

Weicher Küstenschutz: flexible Schutzmaßnahmen wie Sandumlagerung, Sandaufspülung, Strandhafer Pflanzungen (ammophila arenaria), Setzen von Faschinen etc. Im Gegensatz zu hartem Küstenschutz sind die negativen Auswirkungen geringer und es kann im Falle von sich verändernden Rahmenbedingungen schneller und einfacher gegengesteuert werden.

Wellenbrecher: meist dammartiges Bauwerk ohne Landverbindung vor einer Küste zum Schutz vor Wellen. Die Insel Sylt übt diese Funktion mit ihren Nehrungshaken und Sandbänken vor den Deichen Nordfrieslands und Dänemarks aus. Auch vor der Westküste Sylts kommt das natürliche Sandriff dieser Definition in Ausformung und Funktion sehr nahe.

8. Literaturverzeichnis

ALW, Amt für Land- und Wasserwirtschaft, Husum: Fachplan Küstenschutz Sylt, 1985

Besch, Hans-Werner (2004): Sylt – Wandel einer Insel durch Meer, Wind und Mensch, Münsterdorf: Hansen und Hansen

Booysen, Jens (1828): Beschreibung der Insel Silt in geographischer, statistischer und historischer Rücksicht, Schleswig; Neudruck 1967: Schleswig, Schleswiger Druck- und Verlagshaus

von Bremen, Silke (2003): Rantum und Hörnum, der Süden von Sylt, Neumünster: Wachholtz Verlag, Taschenführer Bd. 4

Bundesamt für Seeschifffahrt und Hydrographie: Gezeitenkalender für die Deutsche Bucht

Bundesministerium für Umwelt, Naturschutz und Reaktorsicherheit (2004): „Geothermie – Energie für die Zukunft"; http://www.bmu.de

Dachroth, Wolfgang (1990): Baugeologie in der Praxis, Berlin: Springer Verlag

Degens, Egon et al. (1984): Exkursionsführer: Erdgeschichte des Nordsee- und Ostseeraumes, Hamburg: Selbstverlag, Geologisch-Paläontologisches Institut der Universität Hamburg,

Der große Reader´s Digest Weltatlas (1963), Stuttgart: Verlag Das Beste

Deppe, Frank (2009): „Altes Eidum: Schutzloses Land", in: Sylter Rundschau vom 17. 03. 2009

Die Entwicklungsgeschichte der Erde, 1971; Hanau: Verlag Werner Dausien

Die polare Perspektive, Klimaforschung am Alfred-Wegener-Institut; 2010

Dietz, Curt und Heck, Herbert-Lothar (1952): „Erläuterungen geologische Karte

Deutschland 1:25.000, Blatt Sylt-Nord und Sylt-Süd", Kiel, Landesanstalt für angewandte Geologie

Fink, Hans-Juergen (2000): Unter dem Himmel von Sylt, die Insel in Luftbildern, Berlin: Axel Springer Verlag

Gripp, Karl (1940): „Aufbau und Entstehung der Insel Sylt", in: Die Westküste 2

Gripp, Karl (1964): Erdgeschichte von Schleswig-Holstein, Neumünster: Wachholtz Verlag 1964

Gripp, Karl (1966): „Ursachen und Verhinderung des Abbruchs der Insel Sylt", in: Die Küste, Jg. 14, H. 2

Henningsen, Dierk (1976): Einführung in die Geologie der Bundesrepublik Deutschland, Stuttgart: Ferdinand Enke Verlag

Hundert Jahre Wasser und Abwasser, 2001; Westerland; Energieversorgung Sylt

Jessel, Hans (1994): Das große Sylt Buch, Hamburg: Ellert und Richter Verlag

Jessel, Hubertus (2002): „Wanderbuch Insel Sylt", in: Kompass Nr. 940 ….

450 Jahre Kampen; 1994; Gemeinde Nordseebad Kampen

Klatt, Ekkehard (2003): „Die Geologie der Insel Sylt", in: Pfeifer, Gerhard…(Hrsg.): Die Vögel der Insel Sylt, Husum: Husum Verlag

Klatt, Ekkehard (2007): „Das Morsum-Kliff auf Sylt – hochgepresster Untergrund", in: Look, Ernst-Rüdiger /Quade, Horst (Hrsg.): Faszination Geologie – die bedeutendsten Geotope Deutschlands, Stuttgart: E. Schweizerbart´sche Verlagsbuchhandlung

Klatt, Ekkehard (2012): Sylt im Klimawandel – eine Prognose für die Zukunft der Nordseeinsel, Neumünster: Wachholtz Verlag

Kluge, Friedrich (1975): Ethymologisches Wörterbuch, Hamburg: Walter de Gruyter

Koehn, Henry (1951): Sylt, ein Führer durch die Inselwelt, Hamburg: Cram, de Gruyter

Koehn, Henry (1961): Die Nordfriesischen Inseln, Hamburg: Cram, de Gruyter

Kühn, Hans Joachim (1992): Die Anfänge des Deichbaus in Schleswig-Holstein, Husum: Verlag Boyens.

Kunz, Harry /Steensen, Thomas (2002): Sylt Lexikon, Neumünster: Wachholtz Verlag

Landesamt Tönning und Bundesumweltamt Berlin (Hrsg.) (1998): Umweltatlas Wattenmeer, Bd. I: Nordfriesisches und Dithmarscher Wattenmeer, Stuttgart: Ulmer

Landesregierung Schleswig-Holstein (2001): „Generalplan Küstenschutz, Integriertes Küstenschutz Management in Schleswig-Holstein", Kiel; letzte Fortschreibung: 2012

LaNU: Landesamt für Natur und Umwelt des Landes S-H: (2004): Geothermie in Schleswig-Holstein, Flintbek ; Priwitz Druck & Design, Kiel

LKN: Landesbetrieb für Küstenschutz, Nationalpark und Meeresschutz (2008): „Untersuchungen zur Sicherung der Ortslage Hörnum vor Überflutungen"

LKN: Landesbetrieb für Küstenschutz, Nationalpark und Meeresschutz (1985): „Fachplan Küstenschutz Sylt", Husum; letzte Fortschreibung: 1997; im Internet fortgeschrieben im Herbst 2010 unter: www.Schleswig-Holstein.de/Kuestenschutz

LLUR: Landesamt für Landwirtschaft, Umwelt und ländliche Räume des Landes S-H: (2011): Geothermie: „Leitfaden zur geothermischen Nutzung des oberflächennahen Untergrundes" Flintbek ; Hansadruck, Kiel

Look, Ernst-Rüdiger/ Quade, Horst (2007): Faszination Geologie – Die bedeutendsten Geotope Deutschlands, Stuttgart: E. Schweizerbart´sche Verlagsbuchhandlung

LZV: Landschafts Zweckverband: Konzept Besucherlenkung Sylt; Gemeinde Sylt

Ministerium für Ernährung, Landwirtschaft und Forsten (1963): „Generalplan Deichverstärkung, Deichverkürzung und Küstenschutz in Schleswig-Holstein", Kiel; letzte Fortschreibung: 1986

Missler, Eva (2001): Sylt, Amrum, Föhr, Baedeker Allianz Reiseführer, Ostfildern: Baedeker

Murawski, Hans (1972): Geologisches Wörterbuch, Stuttgart: Ferdinand Enke Verlag

Naudiet, Rainer (1985): Nordseeküste im Wandel, Münserdorf: Hansen und Hansen, 6 Seiten

Optimierung des Küstenschutzes auf Sylt; Status Seminare Phase I und II; BMFT 1991 und 1994; BMFT, Bonn und Amt für Land- und Wasserwirtschaft, Husum

Pfeifer, Gerhard (2003): Die Vögel der Insel Sylt; Husum: Husum Verlag

Rudolph, Frank (2004): Strandsteine, Neumünster: Wachholtz Verlag

Schmidt, Herrmann (1969): Wörterbuch der Sylterfriesischen Sprache, Söl´ring Foriining ; Clausen & Bosse, Leck

Schmidtke, Kurt-Dietmar (1992): Die Entstehung Schleswig-Holsteins, Neumünster: Wachholtz Verlag

Schrahe, Erk-Uwe (1994): Friesische Haus- und Straßennamen, Keitum: Verlag

Schwarzer, Klaus (1984):„Das Morsum Kliff; in: Degens et al. 1984

Segschneider, Martin (2009): „Die Ringwälle auf den nordfriesischen Inseln", in: Ringwälle und verwandte Strukturen des ersten Jahrtausends n. Chr. an Nord- und Ostsee. Schriften des archäologischen Landesmuseums, Bd. 5, Neumünster: Wachholtz Verlag

Smed, Per (1994): Steine aus dem Norden, Stuttgart: Borntraeger Verlag

Suhrkamp, Peter et al. (1967): Sylt - Geschichte und Gestalt einer Insel, Münsterdorf: Verlag Hansen&Hansen

Topographische Karten der Insel Sylt; Landesvermessungsamt Schleswig-Holstein 1:25.000 und Ausgabe 1968 im Maßstab 1:35.000; Luftbild Hörnum Odde, 4. 2011

Voß, Thomas et al. (2001): So entstand Schleswig-Holstein, Ort: Geoprint Verlag

Wattenmeer, 1976; Karl Wachholtz Verlag , Neumünster

Westerland 100 Jahre Stadt, 2005; Westerland: Eiland Verlag

Whitten, D. G. A. (1972): Geology, Middlesex: Penguin Books

Wolff, Wilhelm (1938): Die Entstehung der Insel Sylt, Hamburg: Verlag Friedrichsen, de Gruyter.

Worldwatch Institute Report: Zur Lage der Welt 90/91; 1990; Frankfurt/Main: S. Fischer Verlag

9. Danksagung

Für die Überlassung von Bohrdaten und geologischen Profilen möchte ich mich bei Frau Indra Wussow von der „Sylt-Quelle" in Rantum auf Sylt sowie den Firmen RWE-DEA AG in Hamburg und Wintershall Holding GmbH bedanken.

Ein Luftbild der Hörnum Odde vom April 2011 wurde mir vom Landesamt für Vermessung und Geoinformation Schleswig-Holstein in Kiel zur Verfügung gestellt.

Die Wasserschutzgebiets-Karte Inselkern Sylt wurde mir in überarbeiteter Form von Dr. Bernd König vom Landesamt für Landwirtschaft, Umwelt und ländliche Räume (LLUR) in Flintbek zur Verfügung gestellt.

Die Neuauflage des Buches profitierte von Verbesserungsvorschlägen durch Prof. Dr. Roland Vinx, Universität Hamburg sowie Herrn Dr. Frank Rudolph, Wankendorf.

Pit Willrodt überließ mir freundlicherweise ein antiquarisches Exemplar des Bandes: Die Entstehung der Insel Sylt von Prof. Dr. Wilhelm Wolff.

Mit dem Geologenehepaar Drs. Evelyn und Andreas Hincke aus Neu Wulmstorf konnte ich wichtige Aspekte am Kampener Findling diskutieren.

Teile des ersten Manuskripts wurden überarbeitet von Dagmar Brudnitzki und Birgit Hussel. Das Lektorat der zweiten Auflage übernahm Frau Schultheiß. Mein besonderer Dank geht an Birgit Nagel für die Begleitung des gesamten Exposés sowie die vielfältige Hilfe am Text und bei den tabellarischen Darstellungen.

Sylt, Biike 2013

Karte 10: Das Wattenmeer: Inseln, Halligen, Priele und Sediment Transportbahnen; Satellitenaufnahme.
Bildbearbeitung: Brockmann Consult GmbH ©2003.
Originaldaten: LANDSAT 7 ETM ©Eurimage 2002.